创饰技

金属首饰的制作奥秘

JEWELRY MAKING HANDBOOK

MYSTERY OF METAL

JEWELRY FABRICATION

谢白 编著

XIE BAI

清华大学出版社
北京

图书在版编目（CIP）数据

创饰技：金属首饰的制作奥秘 / 谢白编著 . —北京：清华大学出版社，2022.7
ISBN 978-7-302-53080-0

Ⅰ . ①创… Ⅱ . ①谢… Ⅲ . ①贵金属－首饰－制作 Ⅳ . ① TS934.3

中国版本图书馆 CIP 数据核字 (2019) 第 098871 号

责任编辑： 王佳爽
封面设计： 谢 白 白金生
插图设计： 谢 白
版式设计： 方加青
责任校对： 王荣静
责任印制： 杨 艳

出版发行： 清华大学出版社
　　　　　 网　　　址：http://www.tup.com.cn，http://www.wqbook.com
　　　　　 地　　　址：北京清华大学学研大厦 A 座　　　　　邮　　编：100084
　　　　　 社 总 机：010-83470000　　　　　　　　　　邮　　购：010-62786544
　　　　　 投稿与读者服务：010-62776969，c-service@tup.tsinghua.edu.cn
　　　　　 质 量 反 馈：010-62772015，zhiliang@tup.tsinghua.edu.cn
印 装 者： 小森印刷（北京）有限公司
经　　销： 全国新华书店
开　　本： 185mm×260mm　　　　　 **印　张：** 10　　　 **字　数：** 170 千字
版　　次： 2022 年 8 月第 1 版　　　　 **印　次：** 2022 年 8 月第 1 次印刷
定　　价： 59.80 元

产品编号：074962-01

寄　　语

　　近年来"首饰艺术与设计"备受国人的关注与青睐，面对该领域格局多元、良莠混杂的势态，研究者、创造者对首饰的思考应当越发明晰。俗话说"根深才能叶茂"，无论时代如何变迁，设计师、艺术家做事的态度方法是否贴近事物本质，始终是决定事物品质高下的不二法门。良好的思辨力与精准的表现力，更是我们能够建立不同特质并与他人得以顺畅交流的通道。

滕菲

中央美术学院教授、博士生导师

中央美术学院首饰专业学术主任

自　序

当代语境下的"创饰技"与"工匠精神"

从古至今，一枚小小的首饰中往往镌刻着人类文明、民族审美，以及思想意识的变迁。从原始时期图腾崇拜的兽牙海贝，到商周时期遵"礼"制度的玉饰，唐朝团花盛放的卷草纹金饰，至宋代雅致温和的鲜花头饰，以及明清时期金银累丝的非凡工艺……首饰从造型、材质及佩戴方式无不体现出各个朝代经济文化的发展风貌。首饰"以小见大"的艺术形式也寄托了佩戴者对其功能性的需求，既可以单纯地装饰外貌，也可以蕴含宗教崇拜或是成为财富与权力的象征。

当代社会文化具有平等、多元、包容、创新的特点，在这些特点影响下，首饰艺术的创作类型更加丰富，除了传统的商业用途，许多艺术家也将首饰作为媒介，融入个人的观点、情绪、思想、文化等，传达自己的艺术理念，突出首饰的观念性和实验性特征。材料运用方面，当代首饰创作不仅局限于传统的贵金属及宝玉石，很多廉价材料、有机材料以及仿制品、现成品、创新科技材质乃至 AI 虚拟设定都可成为首饰设计的灵感源泉。材料应服务于作品，能够恰当呈现创作理念的材料才是最佳选择。同样，大众对首饰的需求和理解也更加个性化、私人化。现今，传统商业类首饰已不能完全满足人们需求，其他类型的首饰逐渐进入大众视野，如定制类首饰、实验艺术首饰、交互首饰、虚拟首饰等。所以，当代首饰的发展，不论从款式、材质、佩戴方式及功能性等方面，都有较大突破而且更加包容。

2016 年夏，当我接到清华大学出版社约稿的时候，脑海中顷刻闪现出"创饰技"三个字，最终也成为这套首饰艺术与教育丛书的总称。"创"代表了创造、创作、创新，"饰"代表了首饰、装饰、修饰，"技"代表了技术、技艺、技巧，"以创造的情怀学习首饰的文化与技术，以创作的灵动展现首饰的哲思与技艺，以创新的思想探索首饰的技巧与未来，以'工匠精神'敬业、精益、专注、创新等思想为本，心手合一感受首饰艺术的魅力"。

"创饰技"系列丛书将毫无保留地为大家呈现我自 2009 年至今13 年来积累下的关于首饰文化、历史、制作工艺等多方面的研究精华，希望更多的读者能够关注首饰、了解首饰、创作首饰。

丛书共四本，分别为《创饰技 串回 Vintage 的时光》《创饰技 金属首饰的制作奥秘》《创饰技 首饰翻模与塑型之道》《创饰技 创新首饰与综合材料》，内容涵盖了首饰的概念、历史、设计、材料、工艺、技术等多方面的知识与案例，层层递进地为大众全面展现了首饰的文化历史、基础知识、工艺技法、人文思想等。

其中《创饰技 串回 Vintage 的时光》是一本讲述 Vintage 古董首饰历史以及复古风格首饰设计制作的书籍。第一章，通过对 Vintage 艺术文化介绍、古董首饰赏析，将读者引入典雅怀旧的美丽时光；第二章，详细介绍复古风格首饰设计制作所需的材料、工具以及使用方法；第三章，通过丰富有趣的复古首饰制作案例，将首饰的审美定位、设计思路、工艺步骤进行详细讲授和示范，读者可依据示范技法进行操作实践；第四章，展示多种复古意境风格的首饰作品，开拓设计思路；第五章，讲述 Vintage 饰物的收藏指南、首饰保养事项等。

第二本书为《创饰技 金属首饰的制作奥秘》，是一本关于金属首饰设计与工艺制作的科普类手工艺术教程。第一章，讲述首饰家族常用金属的物理、化学性质；第二章，带领读者认识金属首饰制作所需的各种工具；第三章，详细讲解金属制作基础工艺并进行操作示范；第四章，通过趣味首饰制作案例，为大家示范多种金属表面工艺处理技法；第五章，对金属工艺制作的安全健康操作事项进行讲述。

第三本书为《创饰技　首饰翻模与塑型之道》，是一本关于首饰起版、模具制作、浇铸成型、3D 建模等工艺的制作类教程。第一章，详细讲解首饰常用的成型浇铸工艺，并分类进行铸造流程示范；第二章，对首饰蜡模塑型工艺进行全面解析，并介绍各类首饰用蜡的特性，同时对传统蜡雕、蜡水成型、软蜡塑型、3D 成型等工艺进行制作示范；第三章，介绍首饰模具制作工艺，选取橡胶、硅胶模具制作工艺进行操作示范。

最后一本书为《创饰技　创新首饰与综合材料》，是关于当代首饰艺术认知、赏析以及运用综合材料进行首饰制作的书籍。第一章，讲述首饰从古至今概念的演变，综合材料在当代首饰艺术中的运用方式、艺术风格，以及中国当代首饰艺术作品赏析；第二章，详细介绍综合材料首饰制作运用的工具、材料等；第三章，选取硅胶、树脂、软陶、木材等综合材料进行首饰设计制作的工艺示范。

以上是"创饰技"每本书的精华介绍，丛书图文并茂，读者通过阅读可了解首饰文化的历史发展以及概念与类别等基础知识，欣赏 Vintage 古董首饰的魅力，掌握金属工艺首饰的制作流程以及塑型、翻模等工艺的基础技法，探索更多非传统的综合材料，学习综合材料首饰的制作方法，增强手工技巧，提高对首饰艺术的审美认知，更加深刻地理解首饰艺术与设计的思想内核，最终创作出属于自己风格的首饰。自己创造的首饰，可以无关品牌效应、摒弃材料价值、隐匿财富地位，蕴含更多自我的情感寄托和思想观念。同时，个人手工制作独一无二的表现力，也会增强作品的专属感，或许是最佳的艺术呈现手法。

在中国传统文化中，工匠是对手工艺人的称呼，工匠们通常从小学徒，以其毕生精力献身于各自的工艺领域，为中华文明留下灿烂的篇章。工匠们按照技艺分为"九佬十八匠"，其中十八匠按其顺次有口诀为"金银铜铁锡，岩木雕瓦漆，篾伞染解皮，剃头弹花晶"，排在前五位的便是制作各类金属的工匠，其中金匠、银匠指的就是制作金银器皿、首饰及其他制品的手艺人。

技术工艺的发展体现着人类的文明状态，反映了当时的科技水平。首饰的演变与科技的发展同样有着密不可分的关系，是当时科学技术、生活方式、文化艺术、精神诉求相结合的典范。在古代，科技的进步推动了矿石开采、冶金锻造、硬物切割、铸造翻模、宝石镶嵌等工艺的发展，首饰制作逐渐得到更多的技术支持。科技发展同时也推动了社会文明的进步，人们对物品的需求从单纯的实用性能逐渐叠加了装饰性、情感寄托功能等。在新石器时代，人类采用当时先进的打磨、雕刻工艺制作用于固定头发的石笄、骨笄等，以现在的审美来看，大部分发笄仅具备实用性能；到了唐、宋、明、清等时期，随着科技的发展与文明的进步，人们对于首饰的需求更加复杂化，在满足实用性能的同时，还需要制作工艺精致、装饰效果美丽。在精神诉求方面，首饰逐渐承载了礼仪、身份、财富、美好祝福等人文礼思，如宋朝宫廷有"簪花""谢花""赐花"等礼仪，材质名贵的首饰也是古人身份、地位、财富的象征，"长命锁"类的首饰承载着父母对孩子健康成长的美好祝福等，反映了当时社会人们的生活需求与情感状态。

随着工业革命的进程，现代工艺从手工艺发展到机械技术工艺，人工智能、计算机、新能源、材料学、医学等在近几十年内得到迅猛发展，如今智能技术工艺时代已然开启。科技的全面革新颠覆了人类固有的生活状态，新的改变伴随着新的需求，人们的审美情趣、精神诉求、生活方式必然会发生巨大的变化。在这样的时代背景下，未来大众对物品的选择也会趋向智能化。科技的大幅度前进同样会影响首饰发展的动向，未来首饰在形态、性能、佩戴方式与观念表达等多方面都会因此发生革命性的改变，如外观形态将会更贴近佩戴者的需求，佩戴方式与范围更加多样多变，人文关怀与精神诉求也会更为精细化与私人化。运用科学技术帮助人类解决问题，开展智能首饰的研究，也是首饰学科、行业发展的趋向。然而，不管是对传统技艺的传承推广还是对未来科技的探索发展，势必需要教师、学生以及广大从业者们励精图治，以精益求精的状态、持之以恒的信念、勇于创新的精神，怀揣"大国工匠"的广阔心境为首饰学科、行业的发展积极奉献力量。

　　"创饰技"系列丛书从约稿至今，已经历了 6 个春夏秋冬，从大纲的提炼到文字框架的搭建，从国内艺术家到国外设计师的层层对接，从制作流程的逐一拍摄到案例图片的精挑细修，从内页排版到封面、插图绘制，从初稿校对到终稿完成，每一个环节都秉承着修己以敬、精益求精、坚韧执着、突破创新的"工匠精神"完成。由于对书籍的高标准要求，本人投入了大量的时间与精力，6 年来几乎将所有的私人时间、寒暑假都用于书籍的撰写，长时间的操劳也导致本人患上腰疾，无法长久坐立，丛书约有一半内容是趴在床上完成的。同时，深深感谢为本套丛书编辑出版提供帮助的各位师长、艺术家、手工艺人们以及编辑出版团队的老师们，希望以匠心铸就的"创饰技"丛书能够使首饰专业的学生系统扎实地掌握首饰技法与知识，提高首饰爱好者的审美情趣与动手能力，使专业人士迸发新的灵感，向大众开启一扇通往首饰艺术世界的大门，成为具有专业品牌效应的优秀首饰艺术教育丛书。

谢白

2022 年 4 月于北京

目　　录

第3章 金属制作基础工艺 / 35

第5章　安全与健康提示　/　139

第 1 章

认知金属

　　在浩瀚的宇宙中，金属的种类数不胜数，我们带大家所认识的，主要是目前在首饰设计制作中常用到的金属种类，它们经过工匠们几千年来的层层筛选和千锤百炼，必然非常适合制作首饰。所谓"术业有专攻"，究竟拥有怎样性质的金属才是首饰设计制作的首选呢？接下来将带领大家认识"首饰家族"的金属成员们。

1.1　首饰家族的贵金属

1.1.1　贵金属及其分类

　　贵金属种类大致包括金、银、铂、钌、铑、钯、锇、铱 8 种。

　　说起"贵"一字，首先联想到的就是"昂贵"，那么，拥有何种特性的金属可称为"贵金属"呢？以下为大家总结了贵金属的几种特性。

　　1. 稀少。物以稀为贵。贵金属元素在地球上含量稀少，同时分布分散，贵金属矿床形成艰难，所以开采、选矿和提炼都比较困难，这样一来，各种成本上升，价格自然昂贵。

　　2. 稳定。贵金属的化学性质非常稳定，是珠宝首饰制作的理想材料。

　　3. 特殊。贵金属有特殊的光、电、热效应，大多光彩夺目，十分美丽；在特定条件下具有良好的性能，也常用于现代科学的尖端技术领域。

　　4. 易加工。如果一块金属非常美丽且性能稳定，但是用尽办法也难以再造形态，那么这样的金属也无法运用到首饰设计制作中来。所以首饰家族的贵金属具有非常好的热加工性能，大多具有极好的延展性，可拉成极细的丝，压成极薄的片，还可以铸造出多种形态，这样才能够将优秀的首饰设计良好地呈现出来。

1.1.2 常见首饰家族贵金属

1. 金

化学元素符号：Au；原子序数：79；熔点：1064℃；沸点：2880℃；摩氏硬度：2.5。

金掺入银、铜等元素后熔点会下降，在金首饰制作中，为了焊接时不破坏主体设计，一般使用加入银或纯度为 90%～95% 的金作为焊药，降低其熔点，从而在焊接时不破坏到主体设计部分。

金的密度大，但硬度低，只有摩氏硬度 2.5（摩氏硬度最高为 10），与人指甲的硬度接近，所以金首饰可能会在触碰硬物后留下划痕，造成重量损耗。

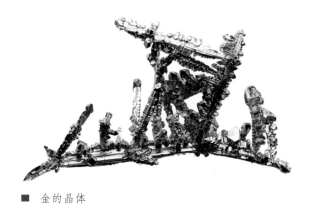

■ 金的晶体

■ 古金币

■ 〔商〕戴金面罩青铜人头像，四川广汉三星堆出土

金的韧性大、延展性好，这也是它身为首饰金属家族一员的优良特性。金可锻打成极薄的金箔，也可以通过拉丝板、拉丝机器制成极细的金丝；通常 1g 金可以拉长为 320m 的金丝，如果利用现代机械化技术则可拉长到 3420m。我们所熟识的国宝级文物，河北满城出土的金缕玉衣，就是古代的能工巧匠用直径 0.08~0.14mm 的金丝合股编制而成的，可见金的优秀性质在古代就被良好地发掘及运用了。

金有良好的导热性和导电性，仅次于银，并且有金黄色的金属光泽，辉煌夺目。古往今来，金深受世界人民的喜爱，不管是东方还是西方，许多珍贵文物和艺术品中都有金制品的身影存在。

2. 银

化学元素符号：Ag；原子序数：47；熔点：961.93℃；沸点：2210℃；摩氏硬度：2.7。

银的导电性能是所有金属中最好的，导热性能也非常优秀，同时银有良好的延展性，仅次于金。运用现代技术，1g 银能拉制成 1800 ~ 2000m 的细丝，可轧成 0.025mm 厚的银箔，所以用于首饰设计制作非常便利，而且银的熔点也相对较低。银一般发出洁白悦目的金属光泽，反射率可达 94%，是最接近纯白色的贵金属。

银的化学性质较稳定，在常温下不与氧反应，置于空气中颜色基本不变，但与金相比还是属于易氧化的金属，氧化后生成黑色的氧化银。银与含硫物质接触或暴露在含有二氧化硫、硫化氢的气体中，会与硫发生反应，生成黑色硫化银。银也能与砷起反应形成黑色砷化银，古代就是利用此性质，用银来检验食物中是否含有砒霜（氧化砷）。

市面出售的银制品为了使银不易氧化，会进行镀层工艺，一般会镀镍或者金；银质餐具则一般不需要进行镀层，只需定期清洁保养即可。没有经过电镀处理的银制品，在空气中放置久后或者佩戴后未经常清理，表面可能会产生黑层，这时可以用干净的银器上光布擦拭，或者用软的棉布抹上牙膏进行擦拭，再用清水冲洗，黑色表层一般便会消失，也可用专业洗银水进行清理，减少饰物表面的损耗。

银作为首饰金属家族的一员，除了优秀的特性之外，外观也非常美丽，深受大家喜爱，许多珠宝首饰会选用银来制作，中国也是银消费大国。

■ 金属银

3. 铂族元素

已知的铂族化学元素有钌 Ru、铑 Rh、钯 Pd、锇 Os、铱 Ir、铂 Pt。铂族元素属于稀有元素，其共同特性是高熔点、高沸点、抗氧化、耐腐蚀等。由于铂族金属对可见光的反射率都较高，所以颜色均为银白色或钢白色，同时具有良好的延展性。首饰设计制作中经常用到的铂族元素主要是铂和钯。

（1）铂

化学元素符号：Pt；原子序数：78；熔点：1769℃；沸点：3827℃；摩氏硬度：4.3。

■ 足银 999 银条

铂的密度在首饰家族金属中最大，有灰白色金属光泽，色泽鲜明，有良好的导电性和可锻性，其可锻性接近于银和金，可轧成 0.001mm 厚的铂箔，也能拉成直径为 0.001mm 的细丝；铂金的价格也相当高，许多名贵的宝石常会选择铂金做镶嵌。

（2）钯

化学元素符号：Pd；原子序数：46；熔点：1550℃；沸点：3127℃；摩氏硬度：4 ~ 4.5。

钯有银白色的金属光泽，外观与铂金相似，有良好的导电性和导热性，其化学性质较稳定，在常温空气中表面不易氧化。但钯是铂族金属中抗腐蚀性最差的金属，如硝酸、热硫酸等都能溶解钯。

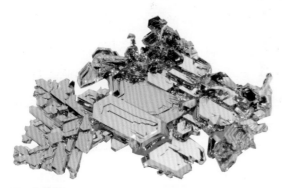

■　金属铂

1.2　贵金属饰品的分类及印记的标注解读

通过上一节，我们了解到了首饰家族常用的系列贵金属，它们由于稀少、名贵，性能稳定、不易腐蚀，又有炫目美丽的金属光泽，且柔韧易加工，自古就被用来制作装饰品。按照材料我们将贵金属饰品分类为金首饰、银首饰、铂首饰及钯首饰。

■ [希腊] 腕带，金、珐琅，800—1000

　　我国国家标准化管理委员会制定的 GB11887—2012《首饰贵金属纯度的规定及命名方法》1 号修改单中对贵金属首饰的印记命名方法做了修改，自 2016 年 5 月 4 日起开始执行。我国贵金属产品市场中曾经令人耳熟能详的"千足金""万足金"等名称成过去式，将"足（金、铂、钯、银）"规定为首饰产品的最高纯度，指其贵金属含量不低于 990‰，且纯度以最低值表示，不得有负公差。标准的修改规范了纯度命名，并不限制贵金属含量达到 999‰、999.9‰以上的首饰产品生产销售。

■ [希腊] 金马耳环，公元前 5—前 3 世纪　　■ [埃及] 金质指环，公元 1 世纪

1.2.1 金首饰

金首饰的纯度及材料印记的表示方法是纯度千分数（K
数）和金、Au 或 G 的组合。例如金 750（18K 金），Au750
（Au18K），G750(G18K)。纯度含金量不低于 990‰的足金，
可直接用"足金"印记标记。

1. 足金（金含量不低于 990‰）

足金首饰在我国的正规首饰印记为"足金"，如果想告知消费
者详细的含金量，也可以将含量一同标注在首饰上，如金含量不
低于 990‰的足金，印记为"厂家代号 + 足金"或"厂家代号 +
足金 990"；金含量不低于 999‰的足金，印记为"厂家代号 +
足金 999"；金含量不低于 999.9‰的足金，印记为"厂家代号 +
足金 999.9"等。

■ Excellence à la Française，金币，足金 999

足金首饰含金量高，色泽金黄，在中国和华人地区中深受喜
爱，占相当大的消费比重，因为一方面可作为装饰品，一方面也
用做保值。足金首饰的缺点是硬度低、易磨损、不易保持细微花纹。
随着首饰加工工艺的逐渐完善和提升，目前也出现工艺为 3D、
5D 硬金的足金饰品，可将足金加工得较薄，中间为空心，且硬
度又有一定提升，用少量的金子加工制作成体积较大的首饰，近
年来深受大众喜爱。

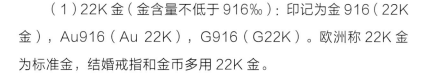

■　谢白，屋脊上的瑰宝，天马吊坠，3D 硬金工艺，足金 999

2. 金合金（K 金）

■　Oraïk，Jaguar，
22K 金戒指

■　Oraïk，Magic
Runner，22K 金戒指

为了克服足金首饰硬度差、颜色单一、易磨损、造型纹理不细致的缺点，人们逐渐研究出金合金首饰，并以 Karat 为纯度标识，形成了目前最为常见的系列——K 金首饰。K 金首饰用金量少、成本低，而且可配制各种颜色，硬度比足金更高，所以不易变形和磨损，特别是用作宝石镶嵌时，牢固美观。这些优势，使得 K 金类首饰迅速占据广大市场。K 金以金含量 1000‰为 24K 金。但 24K 金只是理论值，实际操作无法达到，所以市场上一些 24K 金首饰的标写是不符合标准规定的。

（1）22K 金（金含量不低于 916‰）：印记为金 916（22K 金），Au916（Au 22K），G916（G22K）。欧洲称 22K 金为标准金，结婚戒指和金币多用 22K 金。

（2）18K 金（金含量不低于 750‰）：印记为金 750（18K 金），Au750（Au18K），G750（G18K）。18K 金的硬度适中，延展性理想、边缘柔和、不易变形、不易断裂，所以适宜镶嵌各种宝石。制作有精美细节纹理的首饰通常也会选用 18K 金，它可以将首饰设计呈现得更为细腻。

（3）14K 金（金含量不低于 585‰）：印记为金 585（14K 金），Au585（Au14K），G585（G14K）。

（4）9K 金（金含量不低于 375‰）：9K 金一般用来制作打火机壳、金笔杆、化妆粉盒等高档用具，目前市场上也有一些流行轻奢饰品采用 9K 金，由于价格实惠，款式新颖，深受年轻消费者的喜爱。

■　Ole Lynggaard Copenhagen，18K 金戒指

品名	黄金 : 合金比率	熔点	比重
24K 黄金	24 : 0	1063℃（1945℉）	19.32
22K 黄金	22 : 2	940℃（1724℉）	17.2
18K 黄金	18 : 6	904℃（1660℉）	16.15
14K 黄金	14 : 10	802℃（1476℉）	13.4
9K 黄金	9 : 15	880～900℃（1616～1652℉）	11.2

■　常见 K 金比率、熔点、比重表

（5）彩色 K 金：设计师在创作作品时，往往会觉得贵金属类的色彩较少，常见的除了金色就是白色，所以彩色 K 金的出现为首饰艺术创作提供了更多的可能性。彩色 K 金首饰大多采用彩色 18K 金。彩色 18K 金中除了 750‰的金以外，其他成分的比例可以调整，会使之呈现不同的颜色。

红色 K 金，又称玫瑰金——金、银、铜可配制成红色、浅红色 K 金，金和铝可配制成亮红色 K 金；绿色 K 金——金、银、铜合金中加入少量镉，可配制成绿色 K 金；蓝色 K 金——金和铁的合金表面加入钴可得；白色 K 金——金铜合金中加入镍或者钯可得；黑色 K 金——金中加入高浓度铁可得，黑色 14K 金配比为金 58.3%、铁 41.7%。

有些彩色 K 金是用表面镀色法而非冶炼制成，色彩容易磨损。市场上有些白色 18K 金是在 18K 金表面镀镍或者铑、钯而成，磨损后饰品泛黄，显现出 18K 金的本色，所以在购买的时候需向供应商咨询清楚，以免选择失误。

铂金
钯金
镀铑
22K 黄金
18K 白金
18K 绿金
18K 黄金
18K 红金（玫瑰金）
9K 白金
9K 黄金

■ 常见 K 金颜色图

■ Nacreous 18k 玫瑰金 / 白金手镯 Tasaki

1.2.2　银首饰

银颜色洁白，质地细腻柔韧，加工便利，价格相对于金低了许多，所以自古以来就是首饰制作材料的重要组成部分。银首饰纯度及材料印记的表示方法为纯度千分数和银、Ag 或 S 的组合。例如银 925，Ag925，S925。

1. 足银（银含量不低于 990‰）

印记为"足银"，如果想告知消费者详细的含银量，也可以将其一同标注在首饰上，如银含量不低于 990‰的足银，印记为"厂家代号 + 足银"或"厂家代号 + 足银 990"；银含量不低于 999‰的足银，印记为"厂家代号 + 足银 999"；银含量不低于 999.9‰的足银，印记为"厂家代号 + 足银 999.9"。Ag990、S990 等也是足银的印记标志。

■ 锤纹银手镯，足银 990

■ 寸发标，九龙壶，传统錾刻，足银 990

2.银925（银含量不低于925‰）

印记为银925，Ag925，或S925。目前市面上流行的浇铸类银首饰用银925较多，是因为银925比足银更坚硬，不易变形磨损，对塑造相对精细的首饰款式效果更好。如果是传统的錾刻银饰品，则用足银较多，因为足银质地更加柔软，便于反复敲打、錾刻等加工工艺。

3.银800（银含量不低于800‰）

印记为银800，Ag800，S800。

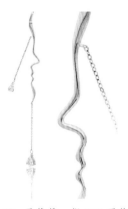

■　及维维，银925耳饰

■　Stellar Jewellery，银925胸针

1.2.3　铂首饰

铂俗称白金。铂首饰纯度及材料印记的表示方法为纯度千分数和铂（铂金，白金）或Pt的组合。例如铂（铂金，白金）900，Pt900。

1.足铂（铂含量不低于990‰）

印记为"足铂"。同时可以将其贵金属具体含量标注在首饰上，如铂含量不低于990‰的足铂，印记为"厂家代号＋足铂""厂家代号＋足铂990"或"厂家代号＋Pt990"；铂含量不低于999‰的足铂，印记为"厂家代号＋足铂999"或"厂家代号＋Pt999"。

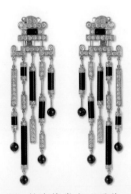

■　铂金镶嵌宝石耳饰，
ART DECO 时期

■　铂金钻戒系列

2. 铂 950（铂含量不低于 950‰）

印记为铂 950 或 Pt950。

3. 铂 900（铂含量不低于 900‰）

印记为铂 900 或 Pt900。

铂 900 的强度适当，在首饰中运用比重较大，尤其镶嵌首饰多用铂 900，牢固不易脱落。在镶嵌婚戒的时候，采用铂 900 或铂 950 比较多；但制作用金较多的首饰时，一般会使用白色 18k 金来代替铂金，因为铂金密度高于黄金，所以同样的体积下相对较重，从佩戴舒适度和保值效果两方面来考虑，使用白色 18K 金是性价比相对较高的举措。

4. 铂 850（铂含量不低于 850‰）

印记为铂 850 或 Pt850。

1.2.4　钯首饰

首饰材料中，钯常以添加合金元素的形式出现在铂、钯合金或白色 K 金中，铂中加入钯元素可提高铂的浇铸性能和表面质量。我国的钯首饰在市场销售中占比重较小，随着国内首饰行业的发展，近年来也有部分企业加入生产钯首饰的行列，属于相对小众的贵金属首饰。钯首饰纯度及材料印记的表示方法为纯度千分数和钯（钯金）或 Pd 的组合。例如钯（钯金）950，Pd950。

1. 足钯（钯含量不低于 990‰）

印记为"足钯"。同时可以将贵金属具体含量其标注在首饰上，如钯含量不低于 990‰ 的足钯，印记为"厂家代号 + 足钯""厂家代号 + 足钯 990"或"厂家代号 + Pd990"；钯含量不低于 999‰ 的足钯，印记为"厂家代号 + 足钯 999"或"厂家代号 + Pd999"。

2. 钯 950（钯含量不低于 950‰）

印记为钯 950 或 Pd950。

3. 钯 900（钯含量不低于 900‰）

印记为钯 900 或 Pd900。

4. 钯 500（钯含量不低于 500‰）

印记为钯 500 或 Pd500。

首饰一般分为首饰主体和配件两大部分，如项链、手镯的搭扣部分就属于配件。配件部分因强度和弹性的需要，贵金属的含量和主体有所不同，但是材料也应符合国家规定的标准，如金含量不低于 916‰ 的金首饰，其配件的金含量不得低于 900‰；铂含量不低于 950‰ 的铂首饰，其配件的铂含量不得低于 900‰；钯含量不低于 950‰ 的钯首饰，其配件的钯含量不得低于 900‰；足银首饰，其配件的银含量不得低于 925‰。

1.2.5 贵金属覆盖层饰品

1. 包金、包银等

（1）制作方式：采用机械加工方法将金箔牢固地包裹在饰品上得到金属盖层，称为包金覆盖层。用同样方法将银包裹在饰品上，称为包银覆盖层。此外，利用滚压、锻压手段将合金金箔锻压到其他金属表面上制成饰品，称为锻压金饰品，也是包金饰品的一种。

■〔清〕包金手镯

（2）质检规格：包金覆盖层的金含量不得低于 375‰，厚度不小于 0.5μm，我国标记为 L-Au，国外标记为 14KF、18KF。包银覆盖层的银含量不得低于 925‰，厚度不小于 2μm，标记为 L-Ag。

2. 镀金、镀银等

（1）制作方式：采用电镀或化学镀等加工方法得到的金覆盖层，称为镀金覆盖层。同理，有镀银覆盖层、镀铑覆盖层等。

（2）质检规格：镀金覆盖层的金含量不得低于 585‰，厚度不小于 0.5μm，标记为 P-Au。镀银覆盖层的银含量不得低于 925‰，厚度不小于 2μm，标记为 P-Ag。

■ 於珮妮，可变—2 项链，铜镀金

■ 谢白，金娃娃雪糕，耳饰，银 925 分色镀金

3. 鎏金

古代将金溶解于水银中，然后抹刷到器物表面，晾干后用炭火烘烤，使水银挥发掉，再用玛瑙轧光表面的方法叫鎏金。现在除了修复老物件或制作仿古饰品，已经很少用到鎏金工艺大批量制作商业首饰了。

■〔明〕文殊菩萨像，铜鎏金

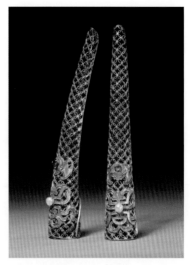

■〔清〕银鎏金累丝嵌珠石指甲套

■〔东汉〕鎏金嵌宝兽形砚盒

1.3　首饰制作的普通金属及其分类

　　艺术创作或实验时，常常会用价格相对比较便宜的金属进行首饰设计，如铜、钛、铝、锌等；这些金属可以通过电镀或加热处理而呈现出各种各样的颜色，同时也大量用于流行类快时尚饰品的设计制作中。这类饰品款式新颖，更新换代较快，体积也较之贵金属首饰大，所以选用普通金属制作性价比更高。要注意的是，普通金属要和贵金属分开放置，防止加热时产生污染。

1.3.1　铜

化学元素符号：Cu；熔点：1800℃。

铜为浅棕色金属，可以迅速冷却硬化，常被加入到银和黄金中组成合金，加强银和黄金的可塑性，或者给予银和黄金不同的颜色。铜也可以直接用于制作首饰。铜退火时，可能会变黑，然后呈现粉红色，此时就可以淬火了，淬火后铜会变得柔软，更易于改变造型。市场上许多铜首饰都会结合镀金或者包金工艺，这样既可以延缓铜的表面氧化，又使得铜首饰表面散发金银一般的光泽，更加美丽。

■　金属铜

■　〔商〕商铜纵目面具，四川广汉三
　　星堆出土，青铜

■　〔商〕虎食人卣，青铜

■ 谢白，液态的自如，戒指，黄铜、巴洛克珍珠，烧皱工艺

1.3.2   钛

化学元素符号：Ti；熔点：1800℃；比重：4.5。

钛是一种坚硬但很轻的白色金属，熔点非常高，不适合焊接。但是由于它较轻，所以适合制作大件的首饰。钛金属可以结合电解、阳极氧化等工艺制作出多种色彩鲜艳且不易脱色的首饰。

■ 金属钛

■ YVMIN 尤目，GALAXY 极光，钛金属

■ 陈世英（Wallace Chan），水域，钛金属　　　　■ Chopard，Fleurs d'Opales，钛金属

1.3.3　铝

化学元素符号：Al；熔点：660℃；比重：2.7。

铝是一种灰色金属，表面有纹路，质量很轻，容易在车床上切割，但很难弯曲成特殊形状，也不能焊接。目前铝首饰主要结合数字控制机床（Computer Numerical Control Machine Tools，简称CNC）雕刻成型技术来加工，且后期可以用阳极氧化、电镀等工艺来呈现不同色彩，目前多用于纪念品类的制作。

■ 金属铝　　　　■ Dimond Home，铝盘

■ Jane Adam，首饰，铝阳极氧化工艺　　■ 项链，铝垫片阳极氧化工艺

1.3.4 锌

化学元素符号：Zn；熔点：419℃；比重：7.1。

锌是一种白色金属，通常用于加入其他金属制成合金，熔点较低，也可用来作为银的焊剂。但锌合金相对于铜的柔韧性较差，容易折断，所以一般用于消耗较快的快时尚首饰或者纪念品配件。

■ 锌金属　　　　　　　　　　　　　　　■ 锌合金做旧装饰品

第 2 章

基础工具材料

《论语·卫灵公》中讲到"工欲善其事，必先利其器"，大致含义是说工匠要想做好他的工作，一定要先让工具锋利。这句话说明要做好一件事情，前期准备工作非常重要。特别是金属工艺制作这类关于手工艺、工具及材料运用的工作，首先认识学习基础工具和材料是必不可少的。

2.1　工作台

2.1.1　专业首饰工作台、打金台

每位珠宝首饰工作者都需要一张适合自己操作的工作台。早期首饰加工厂中，大多是几位首饰制作工匠集中在一整张很长的工作台上一起工作，每人有一个切割成半圆形的独立工作区域。而现在大多数首饰制作工匠都将之替换成了独立工作台，减少相互影响，有利于个人操作，并且可以根据自己的需要进行设计定制，或者成品购买。

■　中央美术学院首饰专业工作室

■　首饰工作台

2.1.2　普通桌子改造首饰工作台

如果希望在原有的工作桌上设立首饰加工部分，可以将活动台钳固定到桌子上，再购买首饰所用的木台塞，这样也可以搭建一个简易的首饰工作区域，但由于普通的书桌高度比首饰工作台要低，所以可搭配有升降功能的座椅，将椅子调整到适合高度，这样操作起来比较舒适，并且可以减少对肩颈腰椎的伤害。

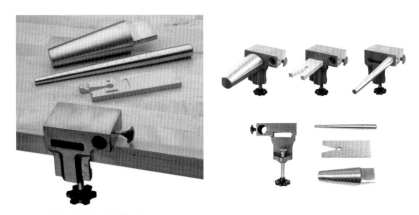

■　可拆卸台钳工具系列

设计师和工匠可以按照自己的喜好来排列工作台上的工具，摆放首先要考虑是否能随手拿到经常使用的工具，可以在工作台前坐下，试想每样东西放在哪里最合适、最便利。随着不断使用，每个人都可以排列出最适合自己操作动线的工具材料摆放方式。

■　个人工作台

2.2　首饰制作主要工具

　　对于大部分首饰制作者来说，收集各种工具是一大乐趣，一些基础工具可以在市场上购买到，但是有趣的特殊工具或者限量版工具就需要慢慢收集，专业的首饰制作师还会根据自己的需要研发和定制特殊工具，往往需要花费多年时间才能收集得相对齐全。由于质量好的工具本身价格不菲，所以在首饰工具市场中有不少的二手工具也非常抢手，同时某些工具经过多年使用也会更顺手，如一把好的二手锤子比新锤子更抢手。但是在购买二手工具的时候也要检查仔细，如有严重划痕或不再标准的工具，就没有必要购入。在购买崭新工具时，不要贪图便宜，购买过于廉价的，这样的工具通常使用寿命短，看似便宜，但用起来效果差并且容易损坏，性价比较低。

2.2.1　测量工具

　　1. 钢尺：刻度需要分别有公制和英制，长度可选择 20 ～ 50cm，制作稍大的作品时更方便。

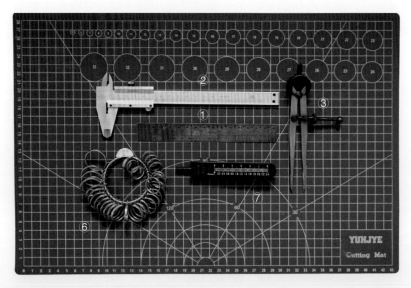

■　①钢尺；②游标卡尺；③圆规；④直角尺；⑤戒指棒；⑥戒指圈；⑦针尖圆规

2. 游标卡尺：首饰制作中最常用的测量工具之一，它可以测量出物件的长度、宽度、厚度、外径、内径、深度等，并且精密度高，适合测量体积尺寸较小的首饰。

3. 圆规：两脚都是不锈钢金属针的圆规在首饰制作中用途很广，它可以先从钢尺或其他物件上测取相应尺寸，然后绘制到金属材料上，也可以对材料进行分段切割、做记号，绘制平行线、圆弧、圆圈等。

4. 直角尺：用来检测 90°角的度量尺，同时也可用来检测物体是否平直顺滑。

5. 戒指棒：用来测量已有戒圈尺寸号码的工具，通常是铝制锥形棒，上面标记着戒圈相应的尺码号。

6. 戒指圈：一般为不锈钢材质，在定做戒指时可用其测量出手指戒圈的尺寸。亚洲地区通常用港码来换算尺寸。

7. 针尖圆规：两脚均为极细钢针，功能与普通金属圆规相同，但操作、定位更为精细，适合在较小的部件上使用。

2.2.2　切割工具

■ 手动剪板机

1. 剪板机：首饰工作室经常会用到剪板机，型号较多，分手动和电动。手动剪板机一般固定在桌子上，样子像一把铡刀。较薄的金属板材和线可以通过裁剪台进行分割，但是该工具不适用于较厚的金属板材，如大于 2mm 厚的金属板材，切割的时候就容易变形或者出现剪裁困难的情况。

2. 手钢剪：有很多尺寸，多用于剪切较薄的金属板材，缺点是剪切的时候金属板材容易变形。

3. 小钢剪：一般用于裁剪像焊药之类非常薄的金属片。

4. 斜口剪钳：一般用于裁剪金属线。

5. 锯弓：用锯子切割金属材料是首饰制作中基本且常用的技

法，所以选择一把好的锯弓非常重要。锯弓分可调整弓身长度型和固定长度型，可根据自己的需求选择合适的款式。

6. 锯条：配合锯弓使用，由碳钢类材料制成，可用来分割金银铜等常见金属。锯条有粗细的划分，尺寸一般从最细的 8/0 号到最粗的 14 号，制作精细的首饰可用较细的锯条，分割较厚的金属则可选择较粗的锯条。常用到的锯条尺寸为 4/0 号到 4 号。如制作贵金属首饰时，为了尽量减少贵金属的损耗，一般会选用 4/0 号的锯条来切割材料。

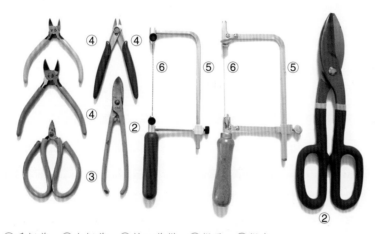

■　②手钢剪；③小钢剪；④斜口剪钳；⑤锯弓；⑥锯条

2.2.3　弯折工具

1. 平嘴钳：钳嘴两边为平面，可用于夹紧、对折金属片，拉紧、拉直金属丝等，闭合金属环也经常用到该工具。

2. 尖嘴钳：钳嘴为锥形，可用于弯折金属线等，可以深入一般工具较难到达的部位。

3. 平行钳：钳嘴内侧无锯齿或采用硬塑胶材料制作，多用于夹紧、对折、弯曲或解开金属丝打的结，优点是不易在金属材料上留下痕迹。

4. 圆嘴钳：用于金属丝弯折、制作金属环、曲线造型等。

5. 工具放置架：可将工具把手插入孔洞，直立收纳摆放。

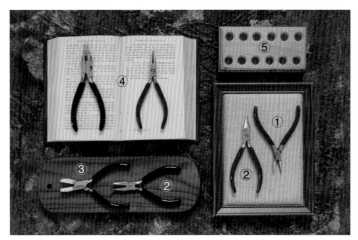

■　①平嘴钳；②尖嘴钳；③平行钳；④圆嘴钳；⑤工具放置架

2.2.4　锉修工具

1. 平锉：多种型号，粗细不同，常用于修整金属使之平滑、清理焊接口等。

2. 半圆形锉：多种型号，粗细不同，常用于修整戒指或环形内部的金属等。

3. 三角锉：多种型号，粗细不同，常用于锉出凹槽以及打磨较难操作的金属部位。

4. 油光锉：多种型号，锉齿相对较细，可将金属表面处理得相对精细。

5. 圆锉：多种型号、粗细不同，常用于修整孔洞以及细窄部位。

6. 针：用于处理细缝，衔接部位也可包裹砂纸打磨精细部分。

2.2.5　成型工具

1. 羊角砧：用于塑造型体，可直接放在工作台上使用。

2. 平铁：结合锤子可用于敲平金属片等，一定要保持清洁和光滑，一旦出现印痕，需要马上保养，不然会影响使用效果。

3. 窝砧、窝錾：结合使用可制作球面、弧面金属。

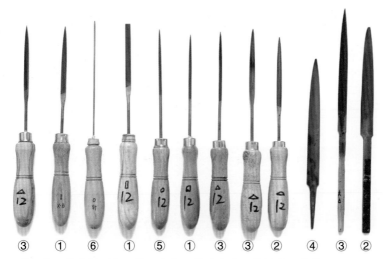

■ ①平锉；②半圆形锉；③三角锉；④油光锉；⑤圆锉；⑥针

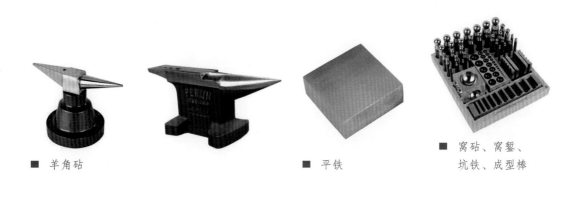

■ 羊角砧　　　　　　　　　■ 平铁　　　　　■ 窝砧、窝錾、
　　　　　　　　　　　　　　　　　　　　　　　 坑铁、成型棒

　　4. 坑铁、成型棒：结合使用可制作金属凹槽和金属管。可将需加工的金属放入坑铁的凹槽中，把成型棒放在金属上，用锤子敲打金属杆，即可制成拱形的金属造型。

2.2.6　敲打工具

　　1. 整平锤：有两个锤头，一个锤头呈圆形凸起状，一个锤面较平，用于敲平金属、制作肌理。

　　2. 錾花锤：也叫平凸锤，平锤头用于敲打，凸锤头用于肌理制作。

　　3. 铆钉锤：非常轻巧，锤头很小，多用于精细的肌理制作。

4. 方锤：有多种型号，通常为 4 分锤至 8 分锤，多用于首饰金工的精细制作。

5. 肌理锤：锤头表面布满凹凸不平的肌理花纹，可快速敲打出相应肌理，这样的锤子很多都是由匠人们自己定制的。

6. 木槌：用于金属整型。

7. 橡胶皮锤：用于塑型和整型，操作中不易在金属表面留下痕迹。

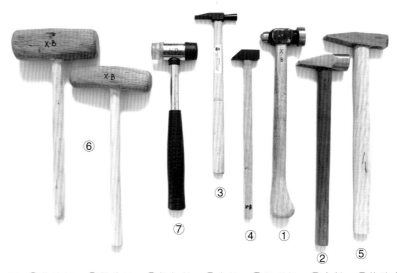

■ ①整平锤；②錾花锤；③铆钉锤；④方锤；⑤肌理锤；⑥木槌；⑦橡胶皮锤

2.2.7　钻具

1. 电动吊机：安装在工作台上的一种电机，可提供动力，旋紧夹头可高速旋转，它可以搭配不同型号的钻头、砂轮、抛光用具进行操作，在首饰制作中的使用率非常高。

2. 台钻：安装在工作台或者桌面上的电钻，用于物体打孔。

3. 手动钻：可安装不同型号的钻头，用于物体打孔。

4. 麻花钻头：多由钢材制成，型号粗细不同，可安装于电动吊机、台钻、手动钻上使用。

■ 电动吊机

5. 钢机针：有多种形状规格，例如圆柱形、圆锥形、火焰型、圆头型、钻石型等。安装在吊机上，可对物体进行切磨、塑型或用于肌理制作。

6. 金刚砂机针：有多种形状和尺寸，由氧化铝粉末或坚硬的矿物质制成，安装在吊机上可用于切磨金属。

■ 台钻

■ 手动钻

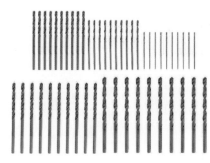

■ 麻花钻头

■ 钢机针

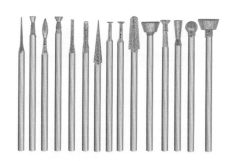

■ 金刚砂机针

2.2.8 焊接工具

1. 可旋转焊接台：台面放有耐火砖瓦，在焊接过程中台面可以旋转，易于火焰从不同方位对金属进行加热。

2. 耐火砖瓦：阻隔火焰给工作台带来的热度，有时需要放置多块，还可以敲碎后放在旁边作为金属物体在焊接中的支撑物。

3. 燃气焊枪：用于加热操作，焊枪头出火，后接橡胶管，可连接燃气罐、燃气管道、0号汽油等。

■ 可旋转焊接台

■ 耐火砖瓦

■ 燃气焊枪

■ 手持火枪

■ 片状焊药

4. 手持火枪：小巧便携，可使用丁烷气体进行充气，用于小物件的加热、焊接。

5. 金属焊药：分金、银、铜等多种专属金属焊药，形态有片状、颗粒粉状、条状、糊状等。不同的焊药由多种不同的金属化合物组成，熔点比焊接的金属本体低，用火融熔后可连接金属。

6. 硼砂粉：一种助焊剂，呈干燥粉末状，加入清水可调制成糊，将其放入未上釉料的硼砂专用陶瓷碗，在焊接金属时用小毛笔涂抹在所需部位，协助焊接，使焊缝保持均匀清洁。

7. 钢镊子：用于夹取金属物。

8. 绝缘反向镊子：此类镊子分直嘴与弯嘴两种，镊尾有隔热绝缘胶皮，当挤压镊子时，镊子口会张开，而且镊子口有一定的抓取力度。一般用于固定需要焊接的金属。

9. 捆绑丝：多为细钢丝或铁丝，对多个金属部件进行焊接的时候，用其捆绑固定，焊接更容易操作。

10. 焊接辅助锥：当焊药熔化后，可使用金属辅助锥子对熔化的焊药进行导引，使之围绕接缝处流动。

11. 淬火碗：可选用加厚的钢化玻璃器皿，放入清水，用于金属物体淬火后迅速降温。

■ 粉状焊药

■ 硼砂粉

■ 钢镊子

■ 绝缘反向镊子

■ 捆绑丝

■ 焊接辅助锥

■ 淬火碗

2.2.9　抛光工具

1. 砂纸卷棒：砂纸有不同粗细型号，可卷成砂纸卷配合吊机使用，金属可通过砂纸的打磨呈现更为精细的表面，打磨时应遵循从粗到细的顺序使用。

2. 铜刷：对金属表面进行粗略清洁，使用时饰物和毛刷应置于流水中。

3. 毛刷：多用途刷子，也可用鞋刷、牙刷替代，结合清洁剂对物品进行清洁。

4. 胶轮：安装到吊机上用于抛光，有多种型号和形状。

5. 铜扫：安装在吊机上用于抛光，有多种型号和形状，也可用于制作绒面肌理效果。

6. 尼龙扫：安装到吊机上用于抛光，有多种型号和形状。

7. 抛光轮：安装在吊机上使用，材质有羊毛、棉布、毛毡等。

8. 擦银布：布面一般附着增亮剂，可用于除去银饰表面的氧化物和污垢，但银镀金产品常用擦银布擦拭可能会使镀层有所损耗。

9. 铜轧光棒：对金属表面进行轧光。

10. 玛瑙刀：一般将天然玛瑙作为刀头，对金属表面进行轧光，使之光亮照人。

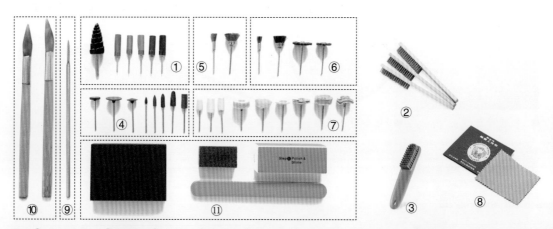

■　①砂纸卷棒；②铜刷；③毛刷；④胶轮；⑤铜扫；⑥尼龙扫；⑦抛光轮；⑧擦银布；⑨铜轧光棒；⑩玛瑙刀；⑪研磨抛光材料

■　磁力抛光机

■　滚筒抛光机

■　超声波清洗机

11. 研磨抛光材料：多为研磨棒或研磨块，型号非常多，打磨金属时可从粗到细依次使用。

12. 磁力抛光机：在机器中放入钢针、润滑剂、清水，再将需要抛光的金属物品放入，按照说明书及设计需求调整抛光时间和力度。

13. 滚筒抛光机：在机器中放入钢珠、抛光膏、清水，再将需要抛光的金属物品放入，按照说明书及设计需求调整抛光时间和力度。

14. 超声波清洗机：配合专用清洗剂，可去除金属上附着的脏物、抛光残留物、油脂等污渍。

2.2.10　化学试剂

1. 除油剂：即松节油，可以溶解清除油漆、黏性胶、记号笔留下的印记。

2. 超声波清洗剂：配合超声波清洗机使用，可去除金属物体表面的污垢。

3. 滚筒抛光剂：配合滚筒抛光机使用，可用于毛刺清理。

4. 金属保养油：用于润滑金属工具和设备，防止生锈。

5. 蜂蜡：可对锯条进行保养，避免锯条发涩，也可结合抛光布轮使用，协助抛光。

6. 抛光白蜡、绿蜡：结合抛光布轮使用，协助抛光。

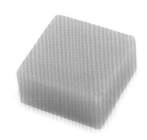

■　蜂蜡

■　抛光白蜡

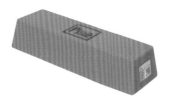

■　抛光绿蜡

第 3 章
金属制作基础工艺

3.1 切割金属

在基础首饰工艺制作中，金属的切割方式一般分为裁剪、裁切和锯切三种。

3.1.1 裁剪

我们可以把金属片想象成纸张，运用手钢剪、剪钳等可剪切金属的工具进行修剪，需要注意的是，这种直接剪切只适用于较薄的金属片和金属丝，且金属容易在裁剪的时候变形。

3.1.2 裁切

借助机器裁切金属可大大提高效率，同时得到的切片相对平直。常见的金属裁切机器分为手动剪板机，脚踏式剪板机和电动剪板机。手动剪板机可安装在台面上手动操作裁切金属；脚踏式剪板机一般直接放在地面，用脚踩的力量剪切金属；电动剪板机用来裁切大型金属板材。小型工作室通常配备手动剪板机，裁切的金属板厚度最好不要超过 2mm，因为过厚的金属板材裁切时容易造成变形，也会影响手动剪板机的使用寿命。

■ 手动剪板机

■ 手动剪板机

■ 脚踏式剪板机

■ 电动剪板机

3.1.3 锯切

锯切技术对于金属工艺制作非常重要，掌握好该技术便可以随心切出自己想要的图案和花纹，锯切不但能够处理图案的外形，也可作为一种装饰的表现手法。

1. 安装锯条的步骤

1

将锯弓两端的螺帽松开，锯条一端完全插入上端槽中，注意锯条锯齿方向向外，且锯齿尖方向朝向手柄方向，然后拧紧上端的螺帽

2

坐下来，将锯弓另一端的螺丝拧开，锯条另一端调整好放入卡槽，锯弓拧好的一端抵住工作台，锯弓的手柄部位可用胸大肌抵住，然后将螺帽拧紧，最后慢慢松开抵住的手柄，这样安装的锯条更紧绷，但同时也要注意紧绷程度，太紧的话锯条容易断

2.使用要领

1

握锯柄时要放松自如，身体状态不要紧绷，握锯方向一般为手柄在下，但可根据个人习惯调整，在上的握法也是正确的

2

在上下走锯的时候，锯条和金属切割面尽量呈 90° 垂直状态，如需切出特殊角度，可以转换角度操作

3

在切割转角或转折的时候，用锯条光滑的背面环绕转角进行活动，等待锯条角度转好后，再继续切割

4

需要镂空的区域，可先用钻头打孔，将锯条一端松开穿过孔后再进行安装，便可从该孔处进行切割操作

3.2 锉磨修型

锉磨可以去除多余的材料，更精细地修整作品造型。锉刀是锉磨工具的重要组成部分，有着多种型号和款式，选择适用的锉刀和正确的锉磨程序非常重要，如果想让作品越来越有光泽，那么锉刀就必须从粗到细依次使用。锉磨是减法，在操作过程中要集中注意力，时刻观察锉磨程度，如果不留神，将不该去掉的地方锉掉，后期补救将会非常麻烦。

3.2.1 用锉要领

1

一手拿着锉刀，另一手将金属抵在工作台的台塞部位，使之稳定，如果金属部件太小以至于手指不好控制，也可以利用木头夹进行固定

2

使用锉刀的时候，要尽量保持锉的水平度；特别是在锉直线的时候，锉刀和锉面一定要保持水平状态，这样才能够锉出平滑的截面

3

锉磨时要一直沿着一个方向向前推锉，在收回的时候锉刀要稍稍离开物体，不需要回锉，来回锉物体将无法平滑；可用较粗的锉刀迅速修出大体造型，后期再换较细的锉刀进行调整，这样更加省时省力

4
可以用半圆锉刀锉修有弧度的金属部分

3.2.2 锉刀保养

（1）在锉磨的时候，锉刀纹路经常会被金属粉末卡住，导致锉磨效果不佳，这时需要用铜刷清理锉刀纹路中的金属粉末，使之恢复良好的锉磨功能。

（2）不要将手直接握在锉刀的齿纹上，手汗容易使锉刀生锈。锉刀要放置保存在较为干燥的环境中。

（3）每把锉刀尽量分开放置，避免相互碰撞造成磨损。

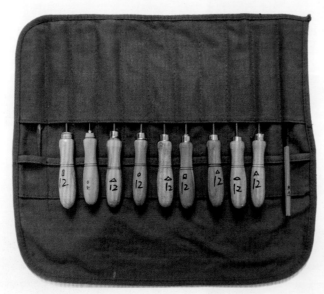

■ 锉刀的正确收纳方式

3.3　钻孔镂空

3.3.1　钻孔工具

1. 吊机：装有钻头的吊机是经常用到的钻孔工具之一，其钻头安装时要与手柄轴心垂直。

2. 台钻：也就是我们常用的桌上钻孔机器，台钻的钻头与被钻物体必须处于垂直状态，所以安装钻头的时候也要注意垂直，如果有偏差，在操作的时候钻头容易折断，且无法钻出完美的孔洞。

3. 手钻：这是一种简单的、不插电的钻孔工具，多用于木质材料的钻孔。同样，手钻的钻头安装也需要做到与轴心垂直。

3.3.2　钻孔方法事项

1. 标记钻孔位置：钻孔前应先标记好位置，确保孔洞的准确性，可以先用尖锐的工具标出凹点，这样钻头可从凹点处钻起，避免划伤别处。

2. 固定物件：钻孔时被钻的物体一定要固定牢靠，否则电钻旋转可能会造成物体偏移或弹开。

■　标记钻孔位置

■　钻孔

3. 间断施压：用吊机和台钻钻孔时切忌一直高速运转，应采取间歇性施压的方式钻孔，降低高速摩擦产生的热量，同时抬起钻头时可将卷在钻头里的金属屑带出，更迅速地进行钻孔操作。

4. 适当用力：在按压钻头时，切记不要重压，否则钻头可能折断飞出，造成危险。

5. 检查钻头：如果在操作规范的前提下，一直无法顺利钻孔，则需要检查钻头是否损耗过度，及时更替新的钻头。

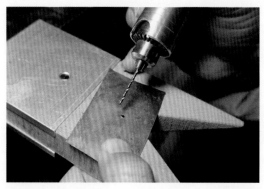

■　检查钻头

3.4　退火与淬火

在锻造金属前，必须经过退火工序，在这个过程中，金属被加热后变软，更容易进行弯曲成型等一系列操作。在制作过程中，金属会随着不断的弯曲、拉伸、锤打逐渐硬化，这时就需要进行再次退火，否则坚硬的金属会难以加工。

3.4.1　金属退火温度

铜：600 ~ 700℃；

银：600 ~ 650℃；

金：650 ~ 750℃；

铂：600 ~ 1000℃。

3.4.2　退火用具及事项

　　每种金属都有自己的熔点和退火温度。足金、足银因自身的柔韧性非常好，所以在加工过程中退火的频率较低。铜是需要频繁进行退火加工的首饰金属，退火时要密切观察金属颜色的变化，以免退火过度将金属熔化。

　　退火需要用到火枪、耐火砖等，还要准备好退火后用的淬火碗及清水等。

　　1. 金属丝的退火

1

松散的金属丝在退火时容易熔化，所以要先捆绑起来

2

捆绑后用大而软的火进行加热，一面加热好后，用隔热镊子翻面进行重复操作，之后再放入清水中淬火

2. 金属片的退火

1

将铜片放在耐火砖上，用火枪进行加热，根据金属片面积大小调整火焰的大小

2

当铜片变成深粉红色时熄灭火焰，进行淬火

3

如果对银片进行退火，需要稍等几秒钟后再淬火

3.4.3　淬火

　　金属在经过退火处理后，还需要进行淬火，通常选择水作为淬火媒介。退火或进行焊接后，我们会让金属冷却几秒钟，之后用镊子将其放入盛有清水的淬火碗中进行冷却，高温金属和水接触会发出"滋滋"的声响，有些体积较大的金属还会令碗中冒出水蒸气。

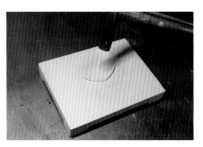

■　淬火

3.5　酸洗

在完成退火和淬火后，金属会因为加热发生不同程度的氧化，这种氧化会使其表面出现一层氧化物或者熔化残渣，用稀酸溶液浸泡可以去除，即酸洗工艺。也可以用砂纸等打磨工具磨掉，但会对金属本体造成损耗。

3.5.1　明矾洗液

明矾的学名叫做十二水硫酸铝钾，化学式为 $KAl(SO_4)_2 \cdot 12H_2O$，是含有结晶水的硫酸钾和硫酸铝的复盐，外形是无色透明块状结晶或结晶性粉末，药店有售。作为金属洗液，明矾相对比较安全，适合在小型工作室或者家庭工坊中使用。明矾洗液有专业盛放的金属碗，可根据需要放入适量明矾和水到金属碗中，用火枪或者酒精灯进行加热直至块状明矾溶于水，将要清洗的金属品放入溶液，继续保持加热状态，金属上的残留物会在几分钟内被清理掉。明矾经常用来清理银、铜上的氧化物。

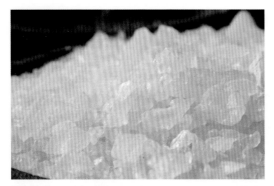

■　明矾

1

将需要清理的金属放入盛有明矾水的碗中加热

2

附着的残留物去除后,将金属放到
流水中冲洗干净即可

3.5.2　柠檬酸洗液

柠檬酸广泛存在于自然界的植物中，欧美一些国家常用柠檬酸与水混合制作金属洗液，一般的配比是柠檬酸和水 1∶7，操作方式是将柠檬酸加入水中，不可反向操作。洗液配比好需要加热进行使用，相对于明矾、稀硫酸等洗液，柠檬酸洗液需要花费更长的时间才能去除残留物，所以一般的工厂不会使用。柠檬酸洗液相对比较安全，适合小型工作室或家庭工坊使用。

3.5.3　稀硫酸

通常，工厂会用稀硫酸进行金属酸洗，因为稀硫酸可以快速有效清除氧化物和残留物，但是此操作有一定的危险性，所以不建议小型工作室或家庭工坊使用。

1. 稀硫酸配比及安全操作事项

（1）稀硫酸通常按照硫酸和水 1∶10 的比例进行调配。

（2）硫酸入水时，会产生刺鼻味道，所以应选择在通风较好的地方操作。

（3）确保场地中有流水，若酸液溢出或洒出可以及时清洗。

（4）操作时要佩戴橡胶手套、护目镜，穿上罩衣等。

（5）切记将酸加入水中，不可反向操作。

2. 酸洗流程及安全操作事项

（1）将金属放入配比好的稀硫酸溶液中，静置几分钟后用镊子取出，放到流水中冲洗，也可配合刷子进行刷洗。

（2）酸洗过铜的洗液不能再用于酸洗银或其他金属，以免对其他金属造成二次污染，所以可将配比好的酸洗液分别放在不同的容器，并注明用于酸洗的金属类别。

（3）稀硫酸洗液多次使用后，功效会下降，酸洗时间变长，清洗效果变差，逐渐变成深蓝色，这时可以更替新的洗液。处理废弃洗液时，应先打开水龙头放水，再慢慢倒掉，同时全程保持水流，倒完后不要立刻关闭。切记，这只是处理少量废弃洗液的操作方法，万不能用此方法处理刚开始使用的洗液，否则会造成下水管道腐蚀和污染。清理大量废弃洗液需由专业机构操作。

　　（4）在进行酸洗的过程中要装备好护目镜、橡胶手套、罩衣等，安全地进行操作。

　　（5）酸洗过后要将洗液进行加盖密封，所以在选取盛放洗液的容器时，要选择有密封盖且防腐蚀的，如带盖的陶瓷容器、玻璃容器、厚实塑料容器等。

　　（6）金属放入和取出酸洗溶液时，不可用手，必须用竹木镊子或塑料镊子夹取。

3.6　焊接

　　金属设计和制作中，很多时候需要将多个金属部件进行连接，焊接是让它们牢固连接的工艺之一。

3.6.1　焊药及分类

　　焊药是一种不含铁的合金，由不同比例的金属结合制成，它们的熔点要比焊接的金属熔点低。焊药熔化后可连接金属，具有较好的流动性，常见形态有片状、颗粒粉状、条状、糊状等。

　　焊药从熔点看可大致分为高、中、低温三种，常用材料有金、银、铜三类。银焊药可再细分为超高温、高温、中温、低温、超低温五种。

　　1. 金焊药

　　每种 K 金都有自己的焊药，多以金属薄片形式呈现，每种 K 金焊药也分高、中、低温，不同颜色的 K 金对应相同颜色的焊药，目前 K 金焊药主要分黄、红、白三色。

2. 银焊药

分超高温、高温、中温、低温、超低温五种，因为在制作过程中，金属可能需要多次焊接，所以需要从高温至低温焊药依次用起，这样就不会因为多次焊接加热影响到前期已经焊接好的部位。银焊药多为银白色金属薄片。焊接花丝用粉状焊药，简称焊粉，焊接大件器皿常用糊状焊药。

■　片状焊药

3. 铜焊药

由铜和锌各占 50% 配制而成的焊药，呈黄色，用于焊接各种铜制品，如果焊接缝隙较小或后期要进行镀金等加工，一般会用银焊药代替铜焊药，因为银焊药的流动性较好，更容易操作。

3.6.2　焊接步骤

1

清洁工作：金属在焊接之前，表面必须保持清洁，不能有氧化物或油污等，否则会影响焊接的效果；两个待焊接物体尽量紧密贴合无缝隙，如缝隙较大可能导致焊接时焊药偏向一方流动，达不到应有的焊接效果

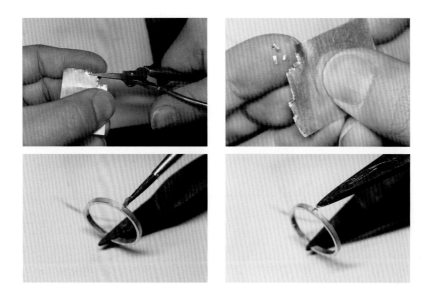

2

备料助焊：在待焊接部位用毛笔细细涂抹硼砂助焊剂，再放焊药，注意焊药要用小钢剪剪成小片，焊接前期将焊药排列好放在待焊接的缝隙附近，如果焊药很薄，还可以将其夹在焊缝中，用铁丝或者镊子固定好后放置在耐火砖瓦上

3

整体加热：先用中等大小的火焰将整个金属体进行加热，然后将火焰锁定在焊缝四周进行加热，注意观察金属的颜色和焊药熔化的情况

4

局部加热：当焊缝处的温度接近焊药熔点时，焊药会有想要熔化的趋势，这时对焊缝、焊药局部加热，至开始熔化时，用火焰来推动液体焊药的流动方向，使之顺利流淌到焊缝中，确定焊药流进后，让火焰再停留 1 ~ 2 秒，便可移走焊枪，这时焊药便会迅速凝固，焊接就完成了；如果焊接时发现焊药不够，可以用镊子或辅助针添加

5

检查焊缝：焊接好后，可等金属自己冷却，或放入水中冷却；之后进行酸洗，这时可以更清楚地看到焊缝是否牢固，如出现缝隙或假焊现象，还需补焊

3.6.3　熔融

在没有焊药的情况下，也可通过单纯加热金属使之熔化、连接，但是这种焊接方法会影响到金属本体的状态，令其表面出现褶皱等，这种自然形成的、不可复制的纹理也是金属工艺魅力的体现。熔融还可以延伸出烧皱工艺，能够创作出许多美丽且独一无二的金属饰品。

■　银片直接烧熔后附着在铜戒上

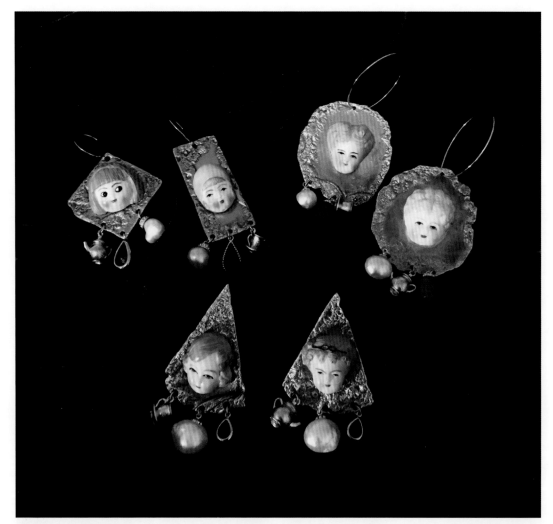

■ 谢白，WhiteFactory 白工厂，娃娃博物馆系列，烧皱工艺耳饰，黄铜，巴洛克珍珠、海竹、锆石等

3.7 弯曲金属

    我们可以通过弯曲、扭曲、卷曲等手法改变金属的造型，丰富作品的形态。要想进行弯曲操作，首先要将金属退火，增强其柔韧度。

    弯曲金属的辅助工具通常有钳子、锤子等，一般情况下它们都比金属硬度要高，在操作中要尽量避免不必要的碰撞、摩擦，否则容易在金属表面留下痕迹。

3.7.1　弯曲金属丝

1. 耳饰制作

（1）耳环制作

1

截取一段金属丝，用圆头钳将一端折出弯钩

2

用尖头钳将另一端金属丝向上垂直折出 5mm

3

金属丝两端呈图中所示，该结构可使其两端任意开合

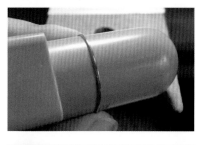

4

用圆柱体物品将金属丝调整为正圆

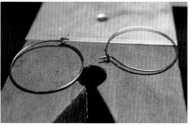

5

耳环制作完毕

（2）耳钩制作

1

截取合适长度的金属丝，在一端用圆头钳做出一个小圈

2

运用圆棒将金属丝折成∪型

3

用平口钳修整耳钩的形状，再用锤子整理耳钩的平整度

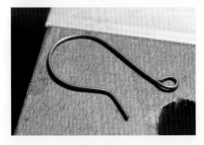

4

耳钩即制作完毕

2. 开口环制作

1

将金属线缠绕在圆柱形的缠绕棒上，注意收紧

2

将绕好的金属线逐个切割成开口圆环

3

由于金属丝为螺旋缠绕，切好的开口环两端处于未对齐状态，可用钳子调整

3.7.2　弯曲金属片制作圆环

1

用平嘴钳将金属片两端对称 90°
折弯

2

将两端弯曲成闭合的半圆形

3

焊接两端金属片

4

用戒指棒和木槌对金属圆环进行
整型

5

制作完毕

3.8　锤打金属

　　在金属工艺中，经常会使用锤子对金属进行敲打、塑形，改
变厚度和质感。锤子有很多种类，重量也不同，轻锤一般用于细
节錾刻等较为精细的工艺，重锤多用在锤打造型，改变金属形态。
在锤打金属的时候，需要先将金属进行退火，锤打过程中，一旦
金属恢复硬度，就需要再次退火，否则金属可能会失去韧性开裂。

　　锤子的使用方式非常重要，锤头应尽量保持正面、平整地接
触金属，这样操作不易在金属表面留下边痕。敲打的时候应尽量
保持节奏和受力均匀，以便达到光滑效果。如果要特意制作锤纹，
可以根据自己的需要来调整锤具和锤打方式。

■ 锤打金属

■ 用于制作肌理效果可更换锤头的锤子

3.9　成穹

窝砧、窝錾结合锤子等工具是金属成穹成形的好助手。

■　①窝砧；②窝錾；③方锤；④橡胶锤

3.9.1　半圆的制作

1

用度量尺在金属片上画出正圆

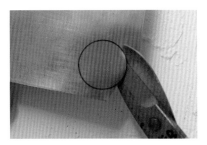 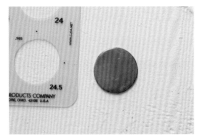

2

将金属片裁剪下来，放入直径大于
圆片的凹坑里

3

用锤子敲打窝錾，使金属片凹陷

4

逐步更换更小的凹坑和窝錾，最终制作出所需弧度的半圆

3.9.2　弧形管的制作

1

将切割好的金属片放在沟槽中，选
择相对应的窝錾横放在金属片上

2

用锤敲打窝錾，使金属片凹下去

3

逐步更换更窄的沟槽和窝錾，继续
敲打

4

用橡胶锤敲打，调整金属管的弧度

5

用平嘴钳将金属管两边夹紧，锉刀修整管子两端的横截面，圆管就制作完毕了

3.10　打磨抛光

　　金属物体制作完毕后，最后一道程序就是要对表面进行处理，不管最终追求的是镜面光泽、雾面效果、拉丝纹理还是肌理褶皱，都需要进行打磨抛光这项大程序。

3.10.1　清洁

　　1. 酸洗: 将金属物体放置在酸洗溶液中，清理表面的残留物。

　　2. 清水冲洗：将酸洗过后的物体用清水冲洗，同时可用毛刷轻轻刷去附着物。有条件的情况下，可用38℃左右的温水进行冲洗，更容易去除污垢。

3.10.2　打磨

　　1. 手工打磨

　　通常采用砂纸和研磨棒进行手工打磨。砂纸和研磨棒的型号颇多，要从粗砂打磨一步步过渡到细砂打磨，才能使金属表面逐渐细腻。砂纸的打磨也分手工打磨和吊机打磨。

（1）砂纸打磨：可直接用手拿砂纸进行打磨，一般用于刚开始的大面积打磨；细节处可将砂纸缠绕在锉刀上进行打磨，细微的部分还可以用钢针裹紧砂纸进行打磨。

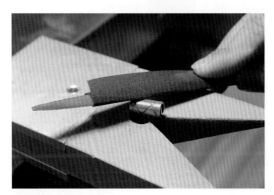

■　砂纸打磨

（2）研磨棒打磨：可采用多种型号的研磨棒进行手工打磨，研磨棒柔软，可切割成各种形状，便于打磨细小部件和凹槽。

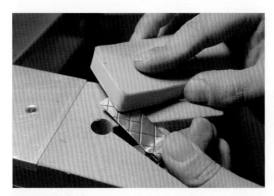

■　研磨棒打磨

2. 机器打磨

打磨的机器可分吊机、砂盘机、纱布带机等。我们经常用到的是吊机，一般安装砂纸卷或其他工具进行打磨。

（1）砂纸卷打磨：将缠绕结实的砂纸卷安装到吊机上，均匀控制吊机的转速对物体进行打磨。砂纸卷的表面粗细分许多种，打磨时同样要按照由粗到细的顺序依次进行。

■　砂纸卷打磨

（2）橡胶轮打磨：橡胶轮一般配合吊机进行使用，有各种型号可供选择，可对金属进行外形修整、抛光等。同时，如果需要特殊形状的橡胶轮，也可以用锉刀对橡胶轮进行改造后使用。

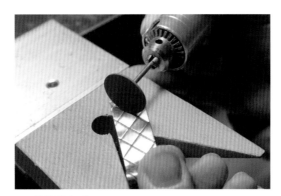

■　橡胶轮打磨

3.10.3　抛光

1. 手工抛光

相对比较耗时，但可以更好地处理细节，一般会用到铜刷、抛光布、棉线等工具。

2. 机械抛光

（1）吊机抛光：可配合铜扫、布轮、羊毛扫等多种抛光配件进行使用。

■ 吊机配合铜扫进行抛光

■ 吊机配合毛毡卷进行抛光

（2）布轮抛光机：可配合不同的抛光轮和抛光蜡进行抛光，如棉布轮、帆布轮、棉线轮、羊毛轮等。

■ 吸尘布轮抛光机

■ 双头布轮抛光机

■ 抛光专用蜡

（3）磁力抛光机：利用金属间的摩擦进行抛光，使用时在抛光机中放入适量磁力抛光针、洗洁精、清水，最后将金属放入机器，调整抛光时间和力度。机器高速运转，金属很快便可达到光亮效果。

■ 磁力抛光机

■ 各种型号的磁力抛光针

■ 磁力抛光机运行中

■ 磁力抛光机抛光银饰

（4）滚筒抛光机：使用时在机器中放入不锈钢抛光珠、抛光粉、清水等，再放入需要抛光的金属物品，按照自己的需要调整抛光时间和力度。

■ 滚筒抛光机　　　　　　　　　　■ 滚筒抛光机专用不锈钢珠（多种型号）

3.10.4　轧光

轧光又称压光，是以挤压的方式使金属表面达到高度光亮。和打磨抛光不同，轧光不会使金属产生损耗。轧光手动操作较多，可以处理机器不能到达的物体部位，同时还可以使金属表面呈现出不同亮度对比所带来的节奏感。

用轧光笔或玛瑙刀对需要轧光的地方进行挤压式摩擦，同时可蘸取一定的润滑剂，如清洁剂、水等，牢记轧光工具和金属之间不可有任何灰尘沙砾，否则金属表面和轧光用具都会受到不同程度的损害。

■ 玛瑙刀轧光金属表面

第 4 章

金属形态处理工艺

4.1　金属镂空、锯切、焊接工艺

　　在金属工艺制作中，只要设计思路巧妙，运用最基础的工艺也能制作出有趣的作品。镂空、锯切、焊接工艺是金属工艺的基础，我们可以借助最基本的锯弓、锯条、钻头来制作首饰。

4.1.1　风干石榴果 —— 镂空珐琅工艺制作案例（示范：邢丹丹）

■　邢丹丹，风干石榴果，镂空珐琅工艺

1

转图：设计好图案后，我们需要将其转绘到金属上；对于较平的金属片，一般采取复写纸描绘，或直接绘制好图案，再用糨糊粘到金属片上

2

用錾子和锤子定位打孔部位

3

用吊机钻头将孔打好

4

镂空：将线锯条从孔中穿入并安装好，再从内部镂空锯出图形

5

退火后用木槌将镂空部分整为拱形

6

填涂珐琅釉料

7

放进珐琅电炉中，在约 750℃的环境中烧制 1 分钟左右

8

可根据石榴颜色添加不同颜色的珐琅反复多次烧制

9

镂空风干石榴即制作完毕

4.1.2　钻石形珍珠戒指耳钉制作案例（示范：邢丹丹）

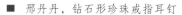
■　邢丹丹，钻石形珍珠戒指耳钉

1. 准备工作

1

准备材料：925 银片、银丝、巴洛克珍珠

2

锯切裁板，尺寸为 5cm×1.4cm

3

将银片退火

2. 焊接圆环

1

用平嘴钳将金属片两端对称 90°
折弯

2

将两端弯曲成闭合的半圆形

3

将接缝处涂上硼砂

4

剪下适量焊药，放在焊接部位

5

用焊枪熔化焊药进行焊接

3. 整型分割金属圈

1

焊接完毕后用戒指棒和木槌进行
整型

2

用游标卡尺均分定位金属圈

3

将金属圈平均锯切开，为做一对对
称的耳环作准备

4. 制作爪镶珍珠

1

根据钻石形珍珠的大小，测量出相
应爪镶底座的 U 形结构长度；可采
用 0.8mm 直径的金属线制作 U 形
结构，1mm 直径的金属线制作圆环

2

在一个 U 形底部下方用圆锉打磨开槽，以备焊接

3

在圆环内侧平均 4 分点的位置用圆锉打磨开槽，以备焊接

5. 焊接

1

先将两条 U 型金属线焊接

2

再将圆环套在焊接好的 U 形金属上进行焊接

3

最后将制作好的镶嵌爪托焊接到圆
环上，并在圆环的后侧焊接上耳针

6.打磨、镶嵌

1

将金属托酸洗后打磨抛光，嵌入钻
石形珍珠，安装牢固

2

制作完毕

4.2 金属肌理制作工艺（示范：谢白）

金属表面除了抛光处理之外，还有许多其他的肌理处理工艺，非常适合大家探索学习，运用到首饰创作中。在对金属表面进行肌理处理的时候，应牢记先将金属退火，使之变得更加柔韧，易于操作。

4.2.1 锤敲肌理

在金属工艺中，运用不同的锤、錾子等工具，可以创造出各式各样的肌理。

■ 将金属器皿内部灌铅

■ 选择合适的錾子

■ 用锤和錾结合敲打凹凸肌理

■ 用锤直接敲打锤纹肌理

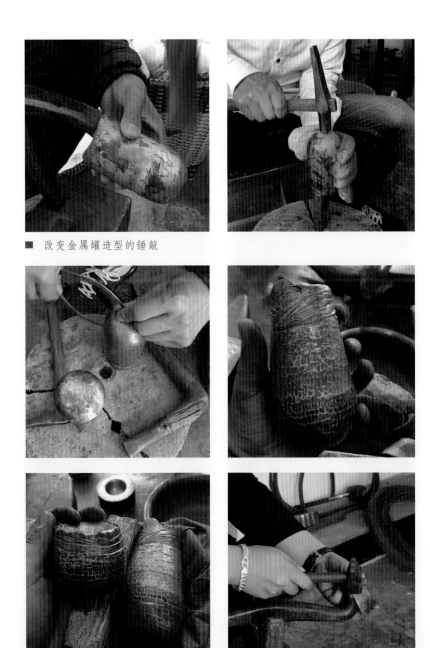

■ 改变金属罐造型的锤敲

■ 对金属碗边沿的修整

4.2.2　压痕肌理

选取软硬、大小相对合适的物品，与金属压片机配合使用，可以压出有趣的纹理。铜网、肌理纸张、树叶、蕾丝等物品都是制作压痕肌理的优质材料。

■　金属片退火后，与肌理制作材料一同放入压片机进行压痕制作

　　如果需要多种肌理重合的压痕，则需要多次压片，每次操作前均需要将金属再次退火，这样金属柔韧度好，不易断裂且压出的肌理效果佳。

■　每次压痕操作前金属均需退火　　　■　大铜网压痕效果

■　细丝铜网压痕效果　　　　　　　　■　多次铜网压痕效果

1. 菱格巧克力·压痕肌理工艺首饰

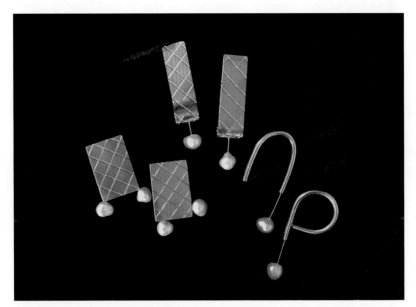

■ 谢白，菱格巧克力，耳饰系列，黄铜、巴洛克珍珠

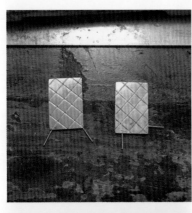

1

将退火后的黄铜片和铜网放入压片机进行肌理制作，根据需要裁切格纹金属片，焊接黄铜针

2

酸洗后抛光打磨

3

用 502 胶水将珍珠镶嵌牢固

4

制作完毕

2. 三色堇 · 成穹、压痕肌理工艺胸针

■ 谢白，三色堇，胸针，紫铜、黄铜、巴洛克珍珠

1

运用成穹工艺将制作好肌理的金属片敲成 1/4 圆弧后进行焊接

2

酸洗后打磨抛光，如果希望金属光泽有层次感，可以用玛瑙刀对凸出来的金属部分轧光

■　金属胸针的制作分两种，一种是 9 型别针，一种是弹簧堵针

3. 冷山·压痕肌理、做旧工艺耳饰

■　谢白，冷山 1，耳饰，黄铜

■　丰富的肌理需要多次压制才可形成

■　抛光打磨后效果

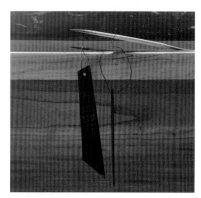

■　自然风干

■　冷山 2，耳饰，黄铜、巴洛克珍珠

　　将金属部件制作好后，放进铜做旧液中浸泡，根据自己使用的做旧液说明书控制时间，自然风干后用吊机和细砂纸卷抛光打磨表层，肌理凹槽部分留下自然做旧的黑色，金属表面呈现砂纸卷抛光后的丝绢光泽效果。

4.3　金属烧皱工艺制作（示范：谢白）

皱烧工艺是利用火焰的高温将金属表面烧至熔化，再以烧皱的肌理制作首饰的工艺。烧皱工艺的褶皱效果是不可复制的，即便经验丰富，也烧制不出一模一样的纹理，所以此工艺制作出来的作品更具独特性和偶然性。

■　谢白，烧皱工艺首饰系列，流金岁月，黄铜、巴洛克珍珠

4.3.1　烧皱工艺原理

烧皱工艺和金属熔点、火焰喷射角度以及冷却时间有着密切的关系。烧皱工艺看似只在金属表面形成纹理，其实在加热时，是内层首先熔化，表层随着内部金属的流动形成褶皱和纹理。例如 925 银片，本身是由 92.5% 的银和 7.5% 的铜制成，在烧皱加热过程中，铜首先不断被氧化，之后银才开始氧化，金属出现了两个熔点，具备了烧皱的良好条件。纯度越低的银合金，越容易形成烧皱效果。同样，铜合金也可以通过烧皱工艺制作肌理。

■　谢白，烧皱工艺首饰系列，液态的自如，黄铜、巴洛克珍珠

4.3.2　烧皱工艺案例展示

1. 梦之风帆·烧皱工艺耳饰

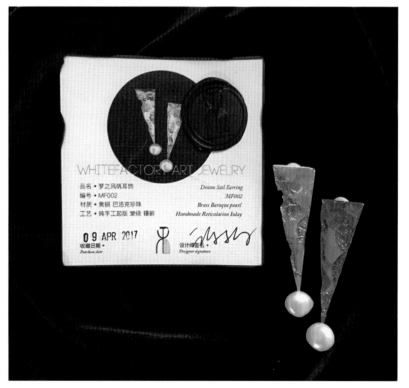

■　谢白，梦之风帆耳饰，黄铜、巴洛克珍珠

1

将裁切好的黄铜金属片进行加热，先用大而软的火全方位加热，等黄铜颜色逐渐变红后将火焰调成硬火进行局部加热，使该部位逐渐达到熔化的效果，根据需要调整加热的部位

2

烧皱完成，将黄铜片进行淬火，然后放置于明矾水中加热清理

3

再用清水冲洗后擦干，选择合适的抛光工具进行打磨抛光，如吊机铜扫、磁力抛光机、玛瑙刀等，烧皱工艺的作品肌理层次感较强

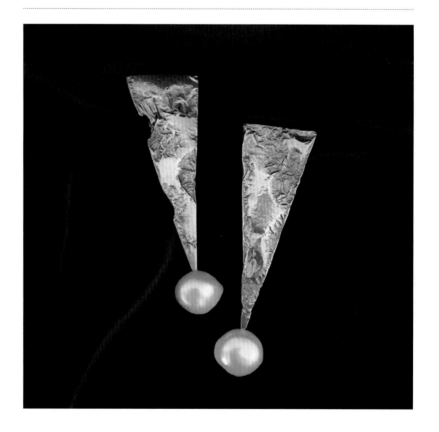

4

抛光过后进行超声波清洗，最后装上珍珠，即制作完毕；此款耳饰可根据需要制作成耳钉或耳夹

2. 恒久时光 · 烧皱工艺耳饰

■ 谢白，恒久时光耳饰，黄铜、巴洛克珍珠

1

用火加热金属完成烧皱，等待金属红色自行褪去后再进行淬火和明矾清洗

2

将珍珠针、耳针焊接到烧皱完成的金属上

3

清洗抛光过后，镶嵌珍珠，即制作
完毕

3. 金豆荚·烧皱成穹工艺耳饰

■ 谢白，金豆荚耳饰，黄铜、巴洛克珍珠

1

取 0.5mm 厚度的黄铜片退火后折弯敲打成豆荚形

2

用烧皱工艺将金属边沿部分熔出自然流淌的效果，酸洗过后用锉刀将毛边修整平滑

3

放入磁力抛光机进行抛光后，将耳钩装入金属缝隙中固定

4

留出适当位置放入三颗巴洛克珍珠，用钳子夹紧固定。用玛瑙刀将豆荚突出部位进行高度轧光，即制作完毕。

4. 金竹笋·烧皱成穹工艺吊坠

■ 谢白，金竹笋吊坠，黄铜

1

黄铜片退火后用锤子、坑铁、铁棒进行圆弧塑型

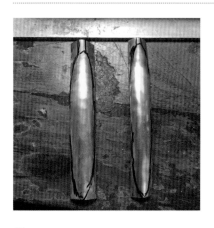

2

用记号笔勾勒出金竹笋的大致形状，用剪钳剪出轮廓

3

用锉刀将金属边毛刺稍作修整，并用钳子将一边的尖头部位折弯，形成项链穿孔

4

采用烧皱工艺烧出大致想要的效果

5

明矾清洁后进行打磨抛光

6

金竹笋吊坠即制作完毕

5. 古金币·烧皱工艺吊坠

■ 谢白，古金币吊坠，黄铜

■ 古金币吊坠制作过程图示

选取直径2cm的黄铜棒切割，烧皱完毕后，在金币背部焊接项链穿孔，最后进行打磨抛光。

4.3.3 烧皱 + 金属做旧工艺案例展示

金属上色有多种工艺，目前最容易操作且相对安全的是使用金属做旧液。做旧液通常在五金店有售，银、铜做旧液相对较多。铜除了做旧为黑色之外还可以做旧为铜绿色等。

1. 博物馆奇幻夜·烧皱、金属做旧工艺系列首饰

■ 谢白，博物馆奇幻夜系列首饰，黄铜、Vintage 娃娃木片、巴洛克珍珠、
　陶瓷、海竹等

1

将黄铜片按照木片的大小进行裁切，并用剪钳剪出轻松的剪影造型

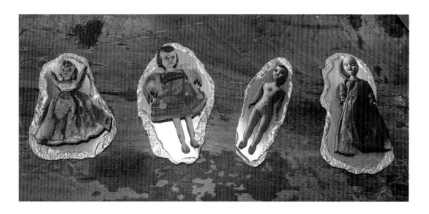

2

用烧皱工艺将铜片的边沿部分熔融，形成自然流动的相框之感；用明矾清洁
后将金属放入磁力抛光机中抛光

3

放入金属做旧液进行做旧，浸泡约 5 分钟（注：具体时长参照各品牌做旧液
说明书）

4

取出金属进行自然风干，最后用吊机配合铜扫、细砂纸卷，对其进行局部抛光，
使金属呈现暗中带亮的复古效果，如果希望金属触感更加顺滑，可用最细腻
的海绵抛光棒 / 块手动抛光

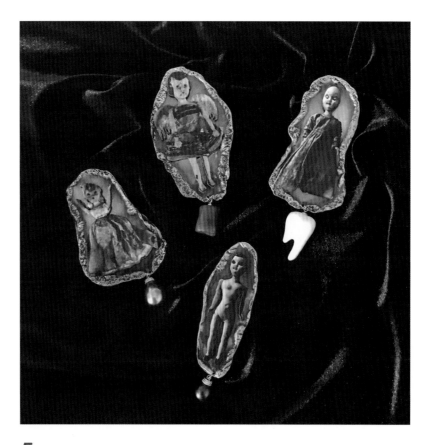

5

在靠近金属边沿的地方钻孔，安装上珍珠、海竹等配件，Vintage 娃娃木片
可用金属 AB 胶水粘牢，即制作完毕

2. 海浪·成穹、烧皱、铜绿做旧工艺耳饰

■ 海浪耳饰制作过程图示

　　铜绿效果的做旧，比普通的黑色做旧要多 2 个步骤。首先要利用黑色做旧液进行打底；接着晾干之后放入铜绿做旧液中浸泡 20 分钟，取出后自然阴干，铜绿色会逐渐形成；最后需要在保护层溶液中浸泡，使铜绿持久保色。

3. 解忧散·压痕、烧皱、做旧工艺首饰

■　谢白，解忧散系列首饰，黄铜、Vintage 药瓶木片、海竹、贝珠

首先，裁切约 1mm 厚、尺寸适当的金属片，结合压片机和铜网进行肌理制作；其次，用烧皱工艺进行边沿熔融，明矾清洁后进行打磨抛光；之后，用铜做旧液浸泡 5 分钟后取出晾干，进行局部打磨抛光，保留部分渐变的做旧层次；最后，用金属 AB 胶将 Vintage 药瓶木片粘在金属上，钻孔后安装耳环、贝珠等，作品即制作完毕。

■ 解忧散耳饰制作过程图示

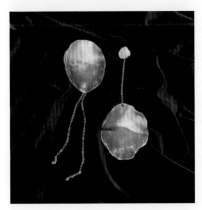

■ 金属做旧工艺耳饰

　　大家可以发挥自己的想象，用相对容易操作的金属制作与上色工艺做出有趣的首饰。

4.4　金属錾刻工艺制作

　　錾刻、錾花及金属器皿锻造工艺在东西方都有着悠久的历史，在我国云南、西藏、青海、贵州、湖南等少数民族地区，至今还保留着传统的金属錾刻工艺。其中云南地区的银錾刻闻名遐迩，能工巧匠用小锤和不同形状的錾子敲打出精美的银制品，深受大众的喜爱。

■　刘骁，九龙壶，摆件，足银 999

　　云南省鹤庆县新华村是著名的银、铜金属工艺村，从那里走出了许多国家级金属工艺大师，为民间传统工艺美术的传播做出了贡献。目前，该村錾刻行业的概况如下。

　　（1）新华村约 1194 户人家，以白族为主，其中 50% 以上人家从事手工艺及相关行业。

　　（2）手工艺作坊多以学徒制培训，当地许多孩子小学或中学毕业后就投身工坊当学徒，头 3 年吃住学由工坊负担，学成后再帮助制作产品，手艺逐渐成熟后按件计费。

　　（3）传统银器、银饰品錾刻的市场需求量大，工作和工资在当地相对稳定，许多年轻人也愿意投身这一传统行业。

　　（4）部分年轻师傅希望学习绘画及设计，丰富錾刻作品的款式，吸引年轻消费群体。

■　吕中泉，风雪祭，器皿，足银999

4.4.1　錾刻主要材料工具

■　錾刻工坊（云南）

■　含银量 990‰ 以上的足银料

■　铅笔

■　火漆球

■　松香板

■　各类锤具

■　各类錾子

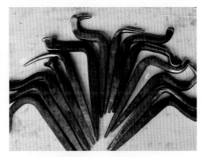

■ 各类铁砧子

■ 其他工具材料

除以上工具外，还另有木桩或沙袋、铜刷、铅、稀硝酸等。

4.4.2 錾刻工艺案例（示范：谢白）

1. 幻想菌·平面錾刻工艺首饰

■ 谢白，幻想菌，紫铜，錾刻

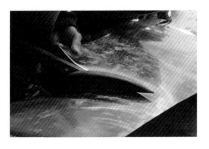

1

剪钳裁切紫铜板

2

退火后整平金属

3

油性记号笔画出錾刻草图

4

用走线錾和錾花锤沿着图案敲出线
槽，像画画一样，用錾子描线

5

注意錾刻操作一段时间就要进行退
火，避免金属变硬变脆

6

更换不同花型的錾子将图案进一步刻画丰富

7

抛光后放入超声波清洗机进行清洗，
即制作完毕

2. 夏日丛林·弧面錾刻工艺首饰

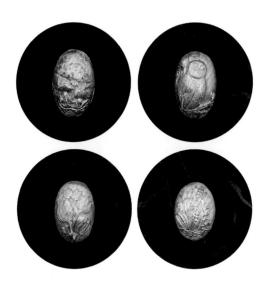

■　谢白，夏目丛林，足银 999，錾刻

1

准备足银 999 板，并将其退火

2

用铅笔在银板上勾勒出图案草图

3

用走线錾和錾花锤錾刻出线描图案

4

加深走线錾刻

5

用木槌或圆头锤在银板背面敲打出半
圆，下面需要垫铅块，避免磕伤银板

6

半圆弧度敲打基本完毕后，选取更小的锤子针对局部进行凹凸整型，使仙人掌的图案从正面有节奏地呈现凹凸效果

7

用石灰水包裹银板进行保护

8

用火枪加热裹了石灰水的银板，一方面可以快速干燥石灰水，另一方面可以对银板进行退火

9

大火将铅块熔化

10

将沙土挖出适当大小的方块，先将银片放进沙坑，正面对向沙土，再将熔化的铅倒入银片和沙坑中，等其自然凝固和降温后，便可将嵌好的银片拿出

11

用记号笔将图案描绘清晰，将铅块作为基垫，用不同的錾子配合锤子进行錾刻

12

錾刻基本完毕后将银片取下，用铜刷去除上面附着的石灰粉

13

仙人掌的毛刺部分需要从银片背面进行錾刻，取松香盆加热熔化后，把银片放入松香盆进行固定

14

从背部錾刻完毕后，熔化松香取出银片

15

清洗抛光后，弧面錾刻作品即制作完毕

16

可以通过这样的方法，制作出弧面錾刻系列作品

3.飞舞乐章 · 錾刻工艺手镯

■ 谢白，飞舞乐章，海洋碧玉、足银999，錾刻

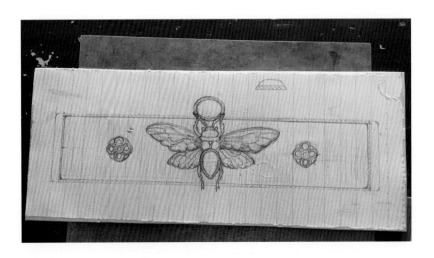

1

将绘制好的草图用乳白胶或糨糊粘到退火后的足银 999 板上

2

用走线錾和锤子进行勾边錾刻

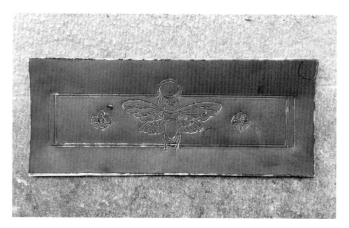

3

进行退火，将纸张烧掉，用铜刷清理表面

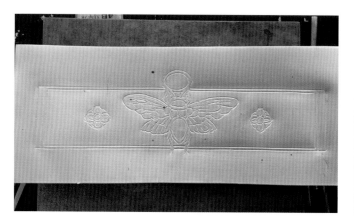

4

再次进行退火

5

把松香盆熔化，将银片正面朝上放入松香盆固定

6

敲出昆虫翅膀及花朵部分后取出银板，背面用松香固定，正面朝上，敲出宝石镶嵌的凹槽

7

将银片整型为圆形，用钢丝缠紧，放入糊状焊药进行焊接，使之成为圆柱形

8

用石灰水浸泡后，将铅灌入银圆柱体

9

把铅块作为基垫进行细节錾刻

10

放入宝石修型

11

用平头錾在镯子主体部分敲出淡淡的锤纹效果，再用细线錾刻出名字和时间

 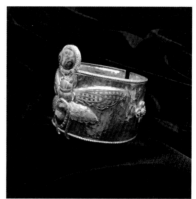

12

錾刻完成后将铅熔化掉，取出银镯，这时可能会有一些铅痕留在银镯上，可将其放入稀硝酸中浸泡，再用清水清洗干净；切割掉多余的银，最后进行打磨和抛光，镯子即制作完毕

■ 王子文，电影《诗眼倦天涯》中周迅角色佩戴的錾刻项圈，足银999、天然宝石、镀足金

4.5　基础珐琅、花丝工艺制作

　　珐琅是以矿物质的硅、硼砂、石英、铅丹等原料按照适当的比例混合，加入各色的金属氧化物，焙烧磨碎制成的粉末状釉料；将珐琅釉料与金属、玻璃、陶瓷等附着体相结合，烘烧后即成为珐琅制品；常见的工艺有掐丝珐琅、画珐琅等。

■　珐琅釉料

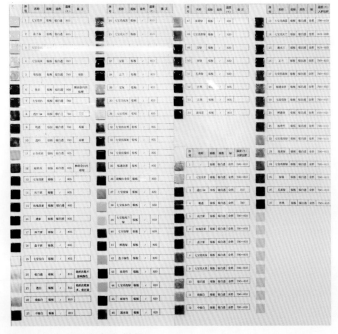

■　釉料烧制后的颜色样板

4.5.1　掐丝珐琅

夏日莲池·掐丝珐琅基础案例展示（示范：谢白）

1

将紫铜板四角拗出，形成台面，准备图案和镊子

2

用镊子将铜丝制作成莲花图案，蘸取乳白胶粘到铜板上

3

均匀地撒上焊药粉

4

火枪整体加热莲花部分，将铜丝焊在紫铜板上

5

进行酸洗，清理上面附着的污垢

6

先用白色铜釉料填入莲花图案中打底

7

放入电炉，在约 800℃的条件下烧制 1 分钟

8

取出烧制好白色釉料的莲花，加入绿色、黄色等过渡釉料反复烧制

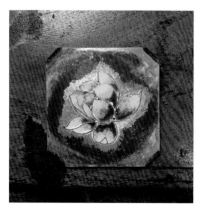

9

渐变色掐丝珐琅莲花即烧制完毕

4.5.2 铅笔画珐琅

武侠梦·铅笔画珐琅工艺（示范：谢白）

■ 谢白，武侠梦，铅笔画珐琅作品

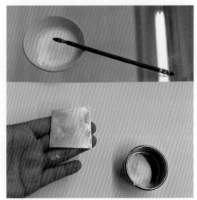

1

将研磨较细的白色釉料加入清水后均匀涂到铜片上

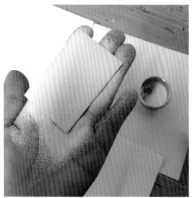

2

将干燥的白色釉料放到筛子中，均匀地筛撒到湿润的铜片上

3

放进电炉进行加热

4

白色打底釉料需要进行多次叠加烧制后才能够达到均匀的状态

5

每次烧制过后，均需用金刚砂锉刀将釉料表面打磨平整，之后再次撒上白色
釉料进行烧制

6

白色釉料底子烧好并打磨成哑光质感后，用 2B 或 4B 铅笔进行图案绘制；
由于在烧制过程中，铅笔颜色会稍微淡化，我们在绘画的时候，可以适当加
深颜色

7

放进电炉进行烧制，时间在 1 分钟
左右，烧太久会导致颜色过度淡化

8

制作中有时也会出现一些偶然的效
果，比如金属的背面出现斑斓复古
的色彩等

■　铅笔画珐琅作品完成图

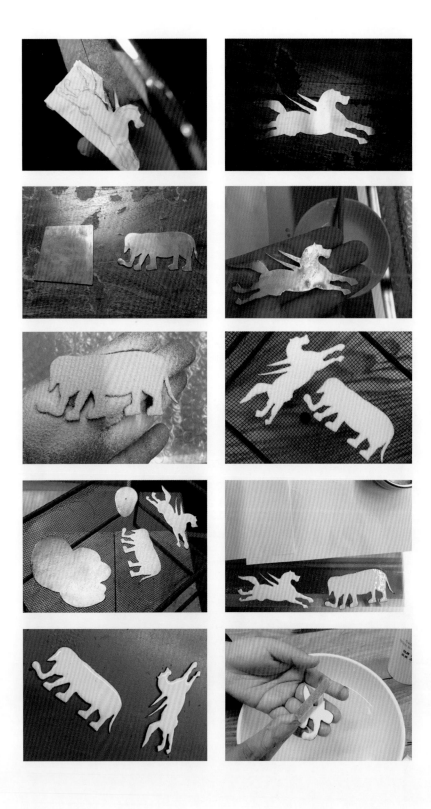

9

可以用同样的方法，制作铅笔画珐琅系列作品

4.5.3 花丝工艺

花丝工艺，又称为细金工艺、累丝工艺，是将金、银、铜等金属抽成细丝，以堆、垒、编织、焊接等技法制作。花丝工艺起源于春秋战国时期，是中国传统金属工艺技法。

■ 郭新，蜕变系列 #6，项链，银花丝、玻璃

■ 秦洁璐，拾趣，头饰，银花丝

■ 周志雄，金迹珠宝，丰收胸针，18K金、
　 钻石，花丝、浇铸、镶嵌工艺

海风·花丝工艺耳饰（示范：秦洁璐）

■ 秦洁璐，海风，耳饰，花丝工艺

■ 0.3mm 银丝

1

准备工具材料：镊子、剪刀、焊药、
焊枪、焊砖、足银 999 丝

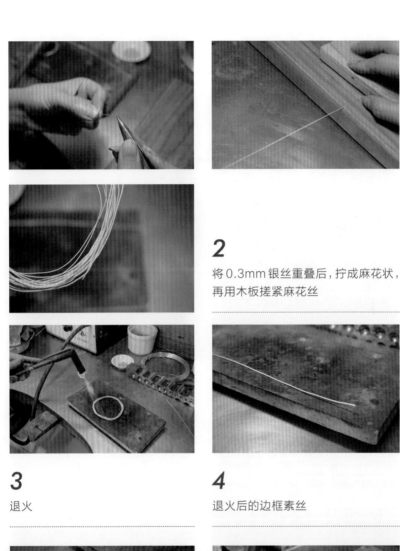

2

将 0.3mm 银丝重叠后，拧成麻花状，再用木板搓紧麻花丝

3

退火

4

退火后的边框素丝

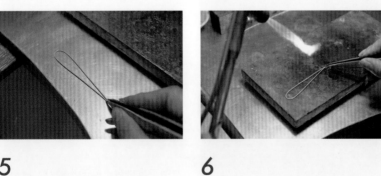

5

完成水滴形边框掐制

6

焊接边框

7

填花丝，填入的花丝比边框处的花丝略细

8

调整整体造型

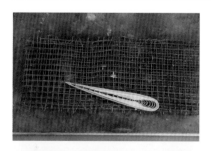

9

完成掐丝，准备焊接

10

加热硼砂水

11

将花丝整体涂满硼砂水

12

均匀撒满焊药

13

整体烧焊

14

焊接吊圈

15

制作耳勾

16

焊接耳勾

17

酸洗

18

用铜刷清洗耳饰

19

完成平面花丝耳饰

20

运用戒指棒旋转调整造型，塑造立体感

21

用磁力抛光机清洗（仅适合结构紧密、焊接牢固的花丝作品）

22

细节清洗

23

制作完毕

■ 郭新，蜕变系列 #1，项链，银花丝

第 5 章
安全与健康提示

　　大多数首饰工作室的面积都不算大，有的设计师还会在家中建立工作室，所以一定要加强防护措施，保障安全与健康。

5.1　工作室必备

工作室环境需具备充足的光线及良好的通风条件。

■　常用急救箱

■　小型灭火器

5.2　操作者必备

■　帽子

■　护目镜

■　防尘口罩

■　帆布手套

■　小羊皮指套或帆布
　　指套

■　袖套

■　防火围裙或罩衣

■　耳塞

5.3　机械设备操作注意事项

（1）仔细阅读机械生产商提供的产品说明书，按照说明操作。

（2）台钻、抛光机、打磨机等要紧紧固定在工作台上，避免操作时由于震动产生位移。

（3）进入工作室不要散发，长发应束发，不论长短均需佩戴帽子。

（4）制作过程中需一直佩戴护目镜。

（5）打磨、抛光时需戴口罩或防尘面罩。

（6）锻打、锤打时可戴耳塞。

（7）抛光时千万不要戴手套、指套。手套容易卷入抛光机，令手指受伤。

（8）如在打磨或抛光中物品被弹出或卷入机器，不要慌张，先切断电源，待抛光机停止之后再找取物件。

（9）千万不要使用抛光机对链条进行抛光。链条很容易被卷入机器，可用磁力抛光机或滚筒抛光机进行抛光。

5.4 化学品注意事项

（1）仔细阅读制造商的产品使用说明和安全信息说明。

（2）化学品最好储藏在带锁的金属柜子中，并清晰标明名称。

（3）使用化学试剂时一定要穿围裙、罩衣，佩戴护目镜及橡胶手套，操作时要佩戴防毒面罩，这样可以过滤有害气体。

（4）配制酸洗液时，一定要记住永远是酸倒入水中，不可逆向操作，要缓慢倒入，切记不可过快。

（5）大量的废弃酸洗液不能直接倒入下水道，会造成污染，应运用正确方法处理危险化学品。所以小型工作室中，最好用较为环保或毒性小的化学品来替代，比如，可以用明矾或柠檬酸来替代稀硫酸。

5.5 加热焊接操作注意事项

（1）操作过程中需穿戴好围裙、罩衣，佩戴护目镜、口罩。

（2）用隔热垫或隔热块在工作台划分出一块加热区域，可以更好地保护台面。

（3）加热前准备一块湿毛巾放在工作台附近，如出现小型引火现象，可用湿毛巾立刻扑灭。

（4）定期检查火枪是否漏油或漏气，可将肥皂水涂在储气罐的接口，如果出现气泡并且气泡越来越大，则说明可能漏气，需要重新安装所有部件，并再次检测。

参考书目

[1] GB11887 2012，首饰、贵金属纯度的规定及命名方法 & 第 1 号修改单 [S].

[2] 施健．珠宝首饰检验与评估 [M]．北京：中国计量出版社，2009.

[3] [英] 金克斯·麦克格兰斯．珠宝首饰制作工艺手册 [M]．张晓燕，译．北京：中国纺织出版社，2013.

[4] [英] 伊丽莎·波恩（Elizabeth Bone）．国际首饰设计与制作：银饰工艺 [M]．胡俊，译．北京：中国纺织出版社，2014.

[5] 赵丹绮，王意婷．玩金术 1：金属工艺入门 [M]．上海：上海科学技术出版社，2017.

附录 1
戒圈号图表

女戒常用指圈号									
香港指圈号	7号	8号	9号	10号	11号	12号	13号	14号	15号	16号
对应周长	47mm	48mm	49mm	50mm	51mm	52mm	53mm	54mm	55mm	56mm
对应美国	4.25号	4.5号	4.77号	5.25号	5.6号	6号	6.35号	6.75号	7.2号	7.5号
对应欧洲	47号	48号	49号	50号	51号	52号	53号	54号	55号	56号

男戒常用指圈号									
香港指圈号	17号	18号	19号	20号	21号	22号	23号	24号	25号
对应周长	57mm	58mm	59mm	60mm	61mm	62mm	63mm	64mm	65mm
对应美国	7.9号	8.25号	8.7号	9.05号	9.5号	9.85号	10.25号	10.3号	11号
对应美国	56号	58号	59号	60号	61号	62号	63号	64号	65号

附录 2
戒圈测量法

1
将纸条或无松紧的线绳环绕在要佩戴戒圈的手指上，松紧适度

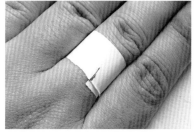

2
将纸条或线绳交汇处用笔标上记号

3
将纸条平铺后用尺子测量，所得数据为戒指内径周长，可按尺寸找出相应的戒指圈号

4
错误量法：太紧或太松测量出的戒圈数据都不准确

后　　记

　　"创饰技"这套书籍从酝酿到出版历时 6 年，终于在虎虎生威的壬寅年与大家见面了，再次感谢为本套书籍出版提供支持的各位师长、艺术家和手工艺人们；感谢我的至亲，世界上最好的母亲白金生女士、父亲谢周强先生，感谢你们对我无微不至的照顾与教导，我会牢记与大家的约定：开心学习，快乐生活！

　　书籍从内容文字、案例图片到后期排版、封面设计、插图绘制，期间一遍又一遍地斟酌修订，凝聚了我踏入首饰专业十多年来的知识精华，希望能将首饰文化艺术的魅力与技艺带给更多的朋友。让我们拿起小小的工具，跟随"创饰技"的步伐，创造出属于自己的专属首饰吧！

　　小小火焰力量大，
　　能把黄金来融化。
　　浇灌模具铸造型，
　　基础工作全靠它。

　　小小卡尺不离手，
　　精益求精记心头。
　　创新理念常相伴，
　　完美首饰跟你走。

小小虎钳手中拿，
串串手珠盘天下。
瑰宝之中代代传，
弘扬五千年文化。

小小秘籍手中握，
珠宝首饰小百科。
艺术创作圆君梦，
丰富精彩创饰技。

如果想获取更多关于珠宝首饰的知识与交流，请微信搜索"csj2022bgc"，关注公众号"创饰技白工厂"；豆瓣搜索关注"白大官人"；新浪微博搜索关注"白大官人的白工厂"，让我们在"创饰技宇宙"中相聚遨游！

谢白

壬寅年正月于沪上

授课教师扫码获取
本书教辅资源